U0384479

大气污染防治费用效益综合评估模型使用手册

吴 琼 王赫婧 朱 云 著

中国环境出版集团·北京

图书在版编目（CIP）数据

大气污染防治费用效益综合评估模型使用手册/吴琼，王赫婧，朱云著. —北京：中国环境出版集团，2023.10

ISBN 978-7-5111-5675-4

Ⅰ. ①大… Ⅱ. ①吴…②王…③朱… Ⅲ. ①空气污染—污染防治—经济效益—评价模型—手册 Ⅳ. ①X51-62

中国国家版本馆 CIP 数据核字（2023）第 217233 号

出 版 人 武德凯
责任编辑 韩 睿
封面设计 彭 杉

出版发行 中国环境出版集团
（100062 北京市东城区广渠门内大街 16 号）
网 址：http://www.cesp.com.cn
电子邮箱：bjgl@cesp.com.cn
联系电话：010-67112765（编辑管理部）
发行热线：010-67125803，010-67113405（传真）

印　　刷 北京中献拓方科技发展有限公司
经　　销 各地新华书店
版　　次 2023 年 10 月第 1 版
印　　次 2023 年 10 月第 1 次印刷
开　　本 787×960 1/16
印　　张 10.25
字　　数 148 千字
定　　价 79.00 元

序言

近年来，我国大气污染格局发生了深刻变化，细颗粒物（$PM_{2.5}$）与臭氧（O_3）成为影响我国城市和区域空气质量的主要空气污染物。以O_3为代表的光化学污染和 $PM_{2.5}$ 为代表的灰霾污染危害人类健康的同时，也严重影响了生态系统。为了减轻这些污染影响，我国施行了一系列环境政策以减少 NO_x、SO_2 及一次颗粒物等污染物的排放。对于这些环境政策的实施效果开展后评估是评价各项空气污染控制措施是否有效的热点问题。费用效益分析是环境政策制定和实施情况评估过程中非常有效的工具与方法，加强各类政策制定和项目实施过程中的费用效益分析，科学评价政策实施效果，对于我国大气污染防治精准施策具有重要意义。

欧美等发达国家和地区的实践表明，大气治理的成本效益分析对于污染控制政策的制定和实施具有重要意义。以欧美为代表的发达国家和地区所建立的成本效益分析方法、辅助决策工具、分析案例路径已然具有成熟体系。国外费用效益评估模型多数关注温室气体排放及气候变化，而我国费用效益评估由于起步晚，具有明显的地区污染特征差异，对于污染物控制技术的路径研究并不深入。如何借鉴国外成功经验研发适合我国污染特征、行之有效的大气污染防治费用效益评估模型，是我国大气污染防治费用效益评估制度体系构建过程中亟待解决的关键技术难题。

针对目前缺乏全面涵盖社会经济、健康等方面的大气污染防治费用效益动态综合评估模型的问题，本书旨在通过数据库研发和模型平台构建，产出一套适合我国大气污染防治费用效益综合评估的模型。具体来说，包括三个重点模块操作指南：①大气污染防治费用效益评估综合模型数据库操作指南，指导大气污染防治费用效益评估综合数据库的数据采集、收录、存储、管理、检索、分析；②基于空气质量目标减排的费用效益评估模型操作指南，指导基于质量目标达标的多尺度大气污染防治动态分析和费效评估模型模拟，根据不同质量目标约束，通过优化政策情景、措施情景评估不同策略下的社会经济成本和健康损益；③基于总量减排目标的费用效益评估模型操作指南，指导不同总量减排目标下大气污染防治动态情景的构建，构建基于空气质量动态响应模型模拟的空气质量浓度模拟数据，借此判断不同政策情景和措施情景下的社会经济成本和健康损益。

全书分为 14 章，第 1 章由黄津颖撰写，第 2 章、第 9 章由王赫婧撰写，第 10 章、第 11 章由赵学涛等撰写，第 3 章、第 7 章、第 8 章由朱云撰写，第 4 章由李金盈撰写，第 5 章、第 12 章、第 13 章、第 14 章由吴琼撰写，第 6 章由龙世程撰写，全书由吴琼负责统稿和审校，在此向本书成稿过程中全体参与人员表示衷心的感谢。在本书出版过程中，中国环境出版集团的韩睿编辑提出了很好建议，在此一并致谢。

本书由国家重点研发计划“多尺度大气污染防治情景费效模型研究及示范”（项目编号：2016YFC0207600）课题 2“大气污染防治社会经济费效评估及模型构建”（课题编号：2016YFC0207602）经费支持。

目录

第3部分 基于空气质量目标减排的费用效益评估模型操作指南 /79

第1部分

大气污染防治费用效益综合评估模型简介

目前，国际上对大气污染控制策略的成本效益进行评估的模型主要有 AIM/Enduse（Asia-Pacific Integrated Modeling/Enduse）[1]和 GAINS（Greenhouse Gas-Air Pollution Interactions and Synergies）[2]。AIM/Enduse 是由日本国立环境研究所（NIES）开发的自下而上的能源—经济—环境 3 个方面综合因素的模型，AIM/Enduse 包含能源技术与末端治理技术两部分控制措施，在进行设定与成本计算之后通过 GAMS 线性优化软件对结果进行优化，在已设定好的减排目标下追求最小费用的措施组合。AIM/Enduse 模型主要应用于气候变化研究与人体健康评估等，多用于低碳研究，对大气污染控制工程的成本估算应用较少，因此若想用该模型对某一地区进行大气污染控制的成本分析，需要重新构建数据库。国际应用系统分析研究所（IIASA）开发了温室气体-大气污染物协同效益模型（Greenhouse Gas-Air Pollution Interaction and Synergies，GAINS），同时考虑 SO_2、NO_x、VOC、NH_3、$PM_{2.5}$ 等污染物和温室气体（HFCs、CO_2、CH_4、N_2O、PFCs、SF_6），针对经济活动的变化，模拟大气污染物排放情景，估算减排潜力和成本，并计算对生态系统、气候变化、健康损害的影响指标。Amann 等研究使用 GAINS 模型评估了欧洲未来排放与空气质量的可能变化趋势，并探讨了《长距离跨境空气污染公约》哥德堡协议修订背景下，未来环境政策方案的成本效益。Rafaj 等通过 GAINS 模型评估了未来至 2050 年全球气候政策下空气污染控制的协同效益，结果显示在气候政策的情景下空气污染治理费用将减少 2 500 亿欧元。GAINS 模型最大的特点是已由各研究人员设定计算出了多种情景，如果使用者想要进行计算需从这些情景中进行选择，使用前需要对各个情景代表的情况进行详细阅读和理解，比较不方便[3]。在国际上较早阶段对于成本的评价多采用成本曲线进行评估，包括减排率-成本曲线以及成本边际曲线等：Amann 等在对温室效应做评价的文章中，也提到 GAINS 模型存在一些难以理解的地方和许多关键数据的缺失，关注的污染物及现象有 PM、O_3、富营养化和酸化，另外也不能很好地解决污染物联合控制中的二次有机气溶胶和非线性问题[4]。美国针对《清洁空气法》进行了成本效益的评估，通过情景分析的方法，分别评价有/无控制措施情景，并计算其成本和收益。根据美国国家环境保护局对《清洁空气法》回顾性/前瞻性的分析，1970—1990 年、1990—2020 年所获直接效益分别为 29.3 万亿美元、2 万亿美元，效益成本比分别高达 40 倍和 30 倍。在中国空气污染控制成本效益与达标评估系统（Air Benefit and Cost and Attainment System，简称 ABaCAS）[5]中，美国国家环境保护局采用了基于模型的空气质量模型（Air Quality Metamodeling）的方法，直接通过三维空气质量模式的上百次模拟结果，采用多维克里金插值（Multidimensional Kriging Approach）的非线性拟合方法进行归纳，从而得到 O_3 和颗粒物对 10～20 种分部门、分区域排放源的响应曲面模型（Response Surface Model，RSM），作为控制决策的支持工具。该响应曲面模型能够量化 O_3 和 $PM_{2.5}$ 与其前体物减排之间的非线性关系，从而提供污染物浓度对污染物的实时预测响应。由于 RSM 建立在实时的多种空气质量模拟的基础上，因此该系统的优势在于可以较好地模拟不同前体物排放之间的非线性相互作用。

大气污染防治的减排策略的减排成本和减排效益是当前环境经济学的热点研究课题，随着国际形势及经济发展的波动，制定具有最优成本效益的控制策略已逐渐成为重要研究对象。其中，GAINS 模型以解决环境影响（包括健康损害、生态破坏、气候变化等）为约束，以成本最低为目标，基于商业优化软件 GAMS，通过线性优化得出排放控制技术组合方案。模型首先根据驱动力，包括用电需求、交通运输、工业产品生产等对基准情景的能源消耗及污染物排放情况进行计算，评估不同污染物的排放情况对人体健康和环境的影响；继而根据消除环境影响所需达到的污染物减排量，对排放控制技术进行选择，使技术组合方案同时满足排放量限值和成本最小化的双重要求。除 GAINS 模型外，由 ABaCAS 团队开发的最低成本控制策略优化器模型，已成功应用于制定具有最低成本效益的控制策略，再进一步输入健康评估模型，评估该控制策略带来的健康效益[5]。在最低成本控制策略优化器模型中，具有多项式函数的 pf-RSM 极大地提高了估算空气质量响应的计算效率。然而，在计算更多前体物（≥5）和区域（≥5）随机组合的情况下，高计算要求使最低成本控制策略优化器模型无法提供最优化的控制策略。

人工智能领域中，一个非常关键的问题是需要在非常庞大并且十分复杂的解空间中找到最优解或者是近似最优解。对这种 NP-hard 问题方法[6]可能会出现组合爆炸的问题及不恰当的搜索，因此找到一个通用的搜索算法一直备受相关领域研究人员的关注。传统程序无法解决这些问题或只能以很高的计算成本来解决，而机器学习方法则被认为是解决这种涉及大量组合空间或非线性过程的复杂问题的有效手段。遗传算法作为一种较好的机器学习方法，被广泛应用于环境管理和工程中，并且已被成功应用于制定最优的 O_3 控制策略。遗传算法是一种基于“优胜劣汰的自然选择和生存”的有效技术，可以解决多目标优化问题。遗传算法优势在于：可以快速地将解空间中的全体解搜索出，全局搜索能力优秀，克服了其他算法的快速下降陷阱问题；适合分布式计算，天然并行性加快了收敛速度。基于这种高效的多目标优化算法，开发可根据特定空气质量目标产生最优的成本效益控制策略是本课题的研究难点与重点。

研究团队借鉴了 EPA 模型费用效益评估理念和方法，在费用评估、空气质量快速评估、效益评估等方面进行了扩展和本地化修正，围绕大气污染防治费用效益综合评估模型构建，建立了融合动态情景、大气污染防治社会经济费用、空气质量快速响应、健康效益评估为一体的评估数据库，涵盖了大气污染防治措施数据库、大气污染源排放清单数据、重点行业费用因子、健康函数和效益货币化因子等，通过重点行业大气污染控制措施、污染治理工艺和治理费用专项调查，补充完善了数据库信息，为大气污染防治费用效益综合评估模型建立及不同层面的试评估工作提供了基础保障。

大气污染防治费用效益综合评估模型（ICBA-AIR）包括社会经济成本模型、空气质量快速响应模型、达标评估模型、效益评估系统 4 个子系统。

第2部分

大气污染防治费用效益评估综合模型数据库操作指南

第 1 章　大气污染防治费用效益评估综合模型数据库概述

基于大气污染排放清单编制、大气污染主要控制措施费用调查、经济社会及健康效益评价、大气污染综合费用效益评估模型模拟和分析需求，筛选确定数据库指标，构建包括基础数据管理、空气质量监测数据管理、基准排放清单库、减排情景及措施库、控制成本与潜力数据库、健康效益数据库在内的，基于基础地理信息的网格化和可视化的大气污染防治费用效益评估综合模型数据库。

1.1　系统框架

费用效益评估综合模型基础数据库主要由基础数据管理、空气质量监测数据管理、基准排放清单库、减排情景及措施库、控制成本与潜力数据库和健康效益数据库 6 个子库组成。其中，基础数据管理包括区域管理、行业部门管理和污染物管理；空气质量监测数据管理包括空气质量数据表、空气质量级别统计、空气质量综合评价统计、污染物浓度趋势统计和污染物浓度超标率统计；基础排放清单库包括分部门排放量统计以及排放量汇总数据；减排情景及措施库包括减排技术管理、减排措施管理、减排情景管理以及控制情景管理；控制成本与潜力数据库包括自定义情景减排潜力核算以及情景库减排潜力核算；健康效益数据库可以存在多个数据库配置，每一个数据库配置包括 12 种类型的数据信息，即“网格定义”“污染物”“监测数据”“发病率/患病率数据”“人口数据”“健康影响函数”“变量数据集”“通胀数据”“价值评估函数”“居民收入增长调整系数”“农作物数据”“生态影响评估函数”，用户可在系统中根据自身的需要对其进行相关操作。

1.2 软件环境选型

费用效益评估综合模型基础数据库选择的开发平台为 Microsoft Visual Studio 2013，它是目前流行的 Windows 平台应用程序的集成开发环境，包括整个软件研发过程中所需要的代码管控工具、集成开发环境等大部分工具，撰写的目标代码支持并适用微软所有平台。开发语言选择 C#4.0，C#4.0 具有系统安全性与开发效率高、已经消除了大量程序错误、支持现在已有的网络编程新标准、对版本更新提供内在支持、开发成本较大、扩展交互性良好等优点。目标框架选用.NET Framework 4.0 平台，它具有强大的并行编程功能，支持数据和任务并行、新数据类型的并发与同步，且.NET Framework 4.0 平台中含有这些库，为数据融合工具中对数据融合方法运算需要运用的多线程计算与高性能计算提供更为便捷的渠道，这是选择.NET Framework 4.0 平台作为目标框架的主要原因。

Windows 系统具有应用程序数量众多、支持多用户、多任务操作、用户操作方式通用、用户操作友好性高等优点。此外，Windows 系统兼容性十分高，而且随着当前计算机硬件技术的发展，系统的运行速度随着 CPU 处理速度的提高与计算机内存的增加而逐步增加；支持各种不同的计算任务、多任务并行，与我们选择的开发平台相互兼容与适用，因此我们选择 Windows 操作系统作为空气质量数据优化处理及可视化分析软件的操作系统。

1.3 硬件环境选型

由于系统可同时运行多个计算方法或异步生成多个不同的文件，充分考虑到内存消耗的情况，建议采用 Intel Core i5 CPU 950 @ 3.07 GHz，内存 6 GB（或以上）配置或高于该配置的计算机。

1.4　运行费用效益评估综合模型基础数据库

从大气污染防治费用效益综合评估模型（图1-1）打开对应的费用效益评估综合模型基础数据库应用程序文件，即可运行费用效益评估综合模型基础数据库。

图 1-1　费用效益评估综合模型基础数据库起始页

1.5　主界面

费用效益评估综合模型基础数据库的主界面如图 1-2 所示。用户可以根据自身的需求点击对应的子数据库。

图 1-2　费用效益评估综合模型基础数据库主界面

第2章　大气污染防治费用效益评估综合模型数据库基础数据管理

本章主要介绍基础数据管理的使用。

单击费用效益评估综合模型基础数据库主页面中“基础数据管理”按钮，进入该模块界面，该库的功能主要包括区域管理、行业部门管理、污染物管理以及系统管理，如图 2-1 所示。

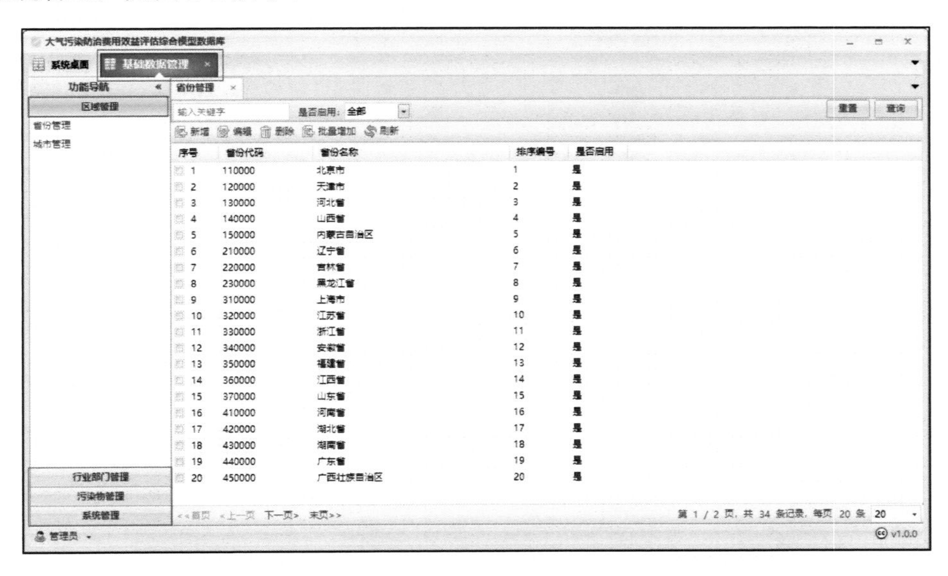

图 2-1　基础数据管理界面

2.1　区域管理

区域管理包括省份管理及城市管理。

2.1.1 省份管理

单击“区域管理”，再单击“省份管理”，即可得到右侧数据界面，如图 2-2 所示。

用户可以通过输入关键字快速筛选查询特定数据，并操作其是否启用。用户还可以通过工具栏选项对数据进行相关操作。

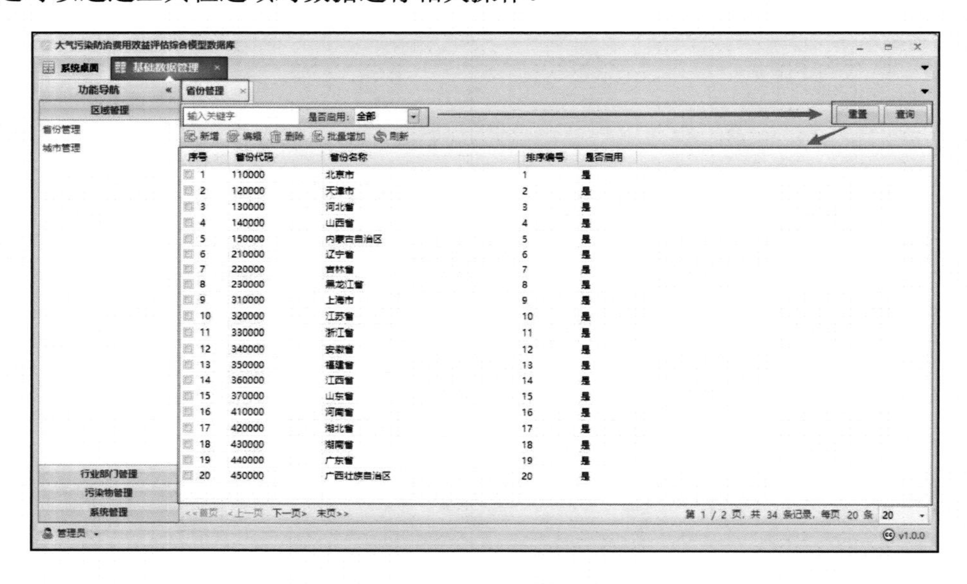

图 2-2 省份管理界面

单击“新增”选项卡，在弹出窗口中填写相关省份管理信息后点击“保存”即可在列表中添加新的省份数据（图 2-3）。

编辑省份数据时，在左侧方框内勾选需要编辑的省份，在弹出窗口中修改省份名称、省份代码及排序编号，点击“保存”即可编辑修改完成一个省份数据，如图 2-4 所示。

用户可根据自身的需要点击勾选不需要的省份，然后点击“删除”选项卡进行删除，如图 2-5 所示。

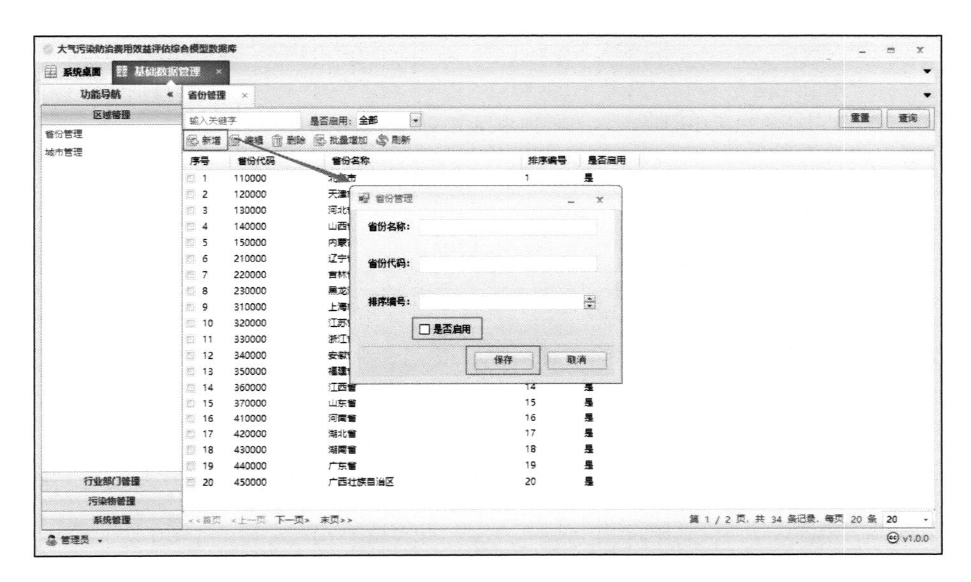

图 2-3　新增省份数据

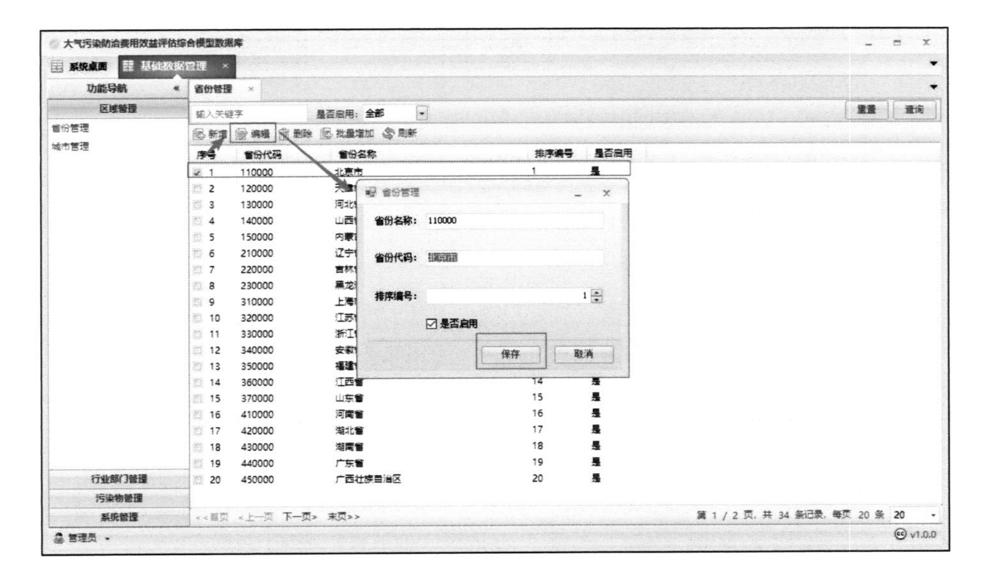

图 2-4　编辑省份数据

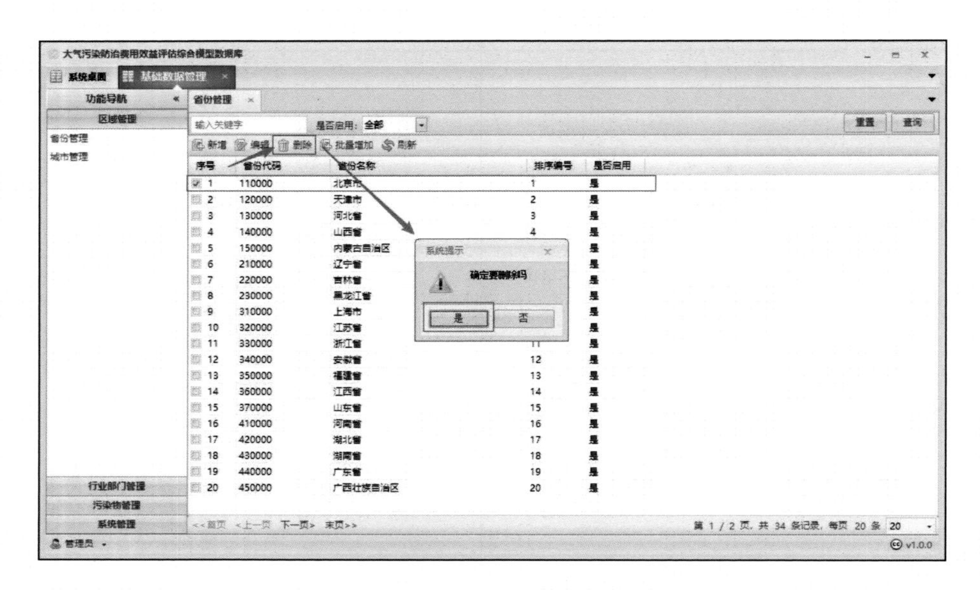

图 2-5 删除省份数据

用户可通过点击“批量增加”选项卡来批量导入省份数据。

用户可通过点击“刷新”选项卡来刷新当前的省份数据。

2.1.2 城市管理

单击“区域管理”，再单击“城市管理”，即可得到右侧数据界面，如图 2-6 所示。

用户可以通过输入关键字或在下拉列表中选择省份可以快速筛选查询特定数据，并操作其是否启用。用户还可以通过工具栏选项对数据进行相关操作。

单击“新增”选项卡，在弹出窗口中填写或选择相关城市管理信息后点击“保存”即可在列表中添加新的城市数据（图 2-7）。

编辑城市数据时，在左侧方框内勾选需要编辑的城市，在弹出窗口中修改城市名称、城市编码及所属省份，点击“保存”即可编辑修改完成一个城市数据，如图 2-8 所示。

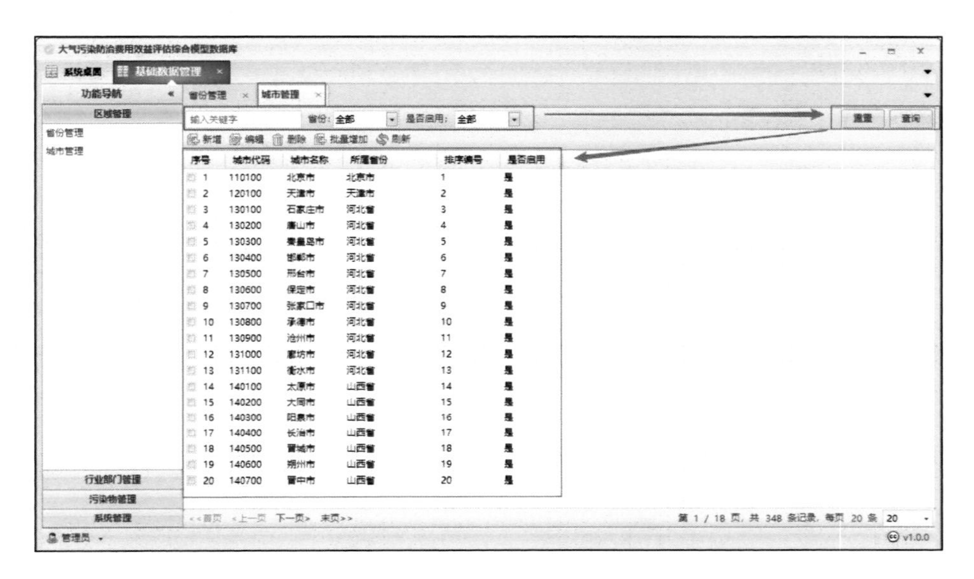

图 2-6　城市管理界面

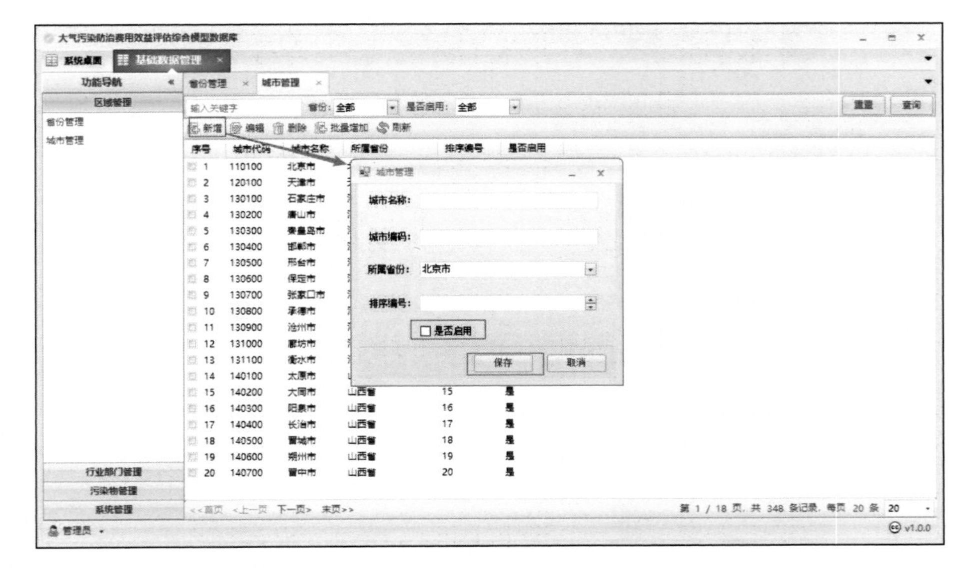

图 2-7　新增城市数据

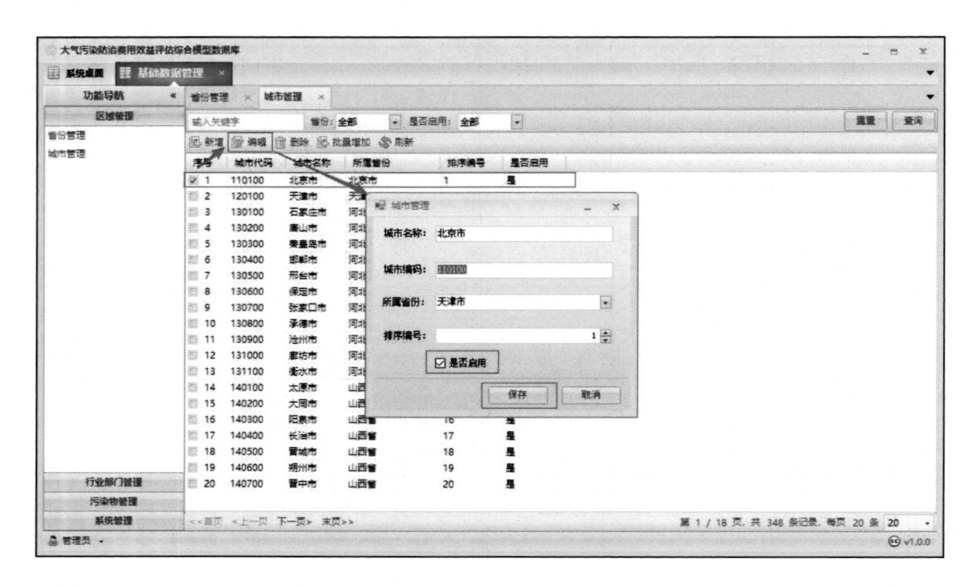

图 2-8　编辑城市数据

用户可根据自身的需要点击勾选不需要的城市，然后点击“删除”选项卡进行删除，如图 2-9 所示。

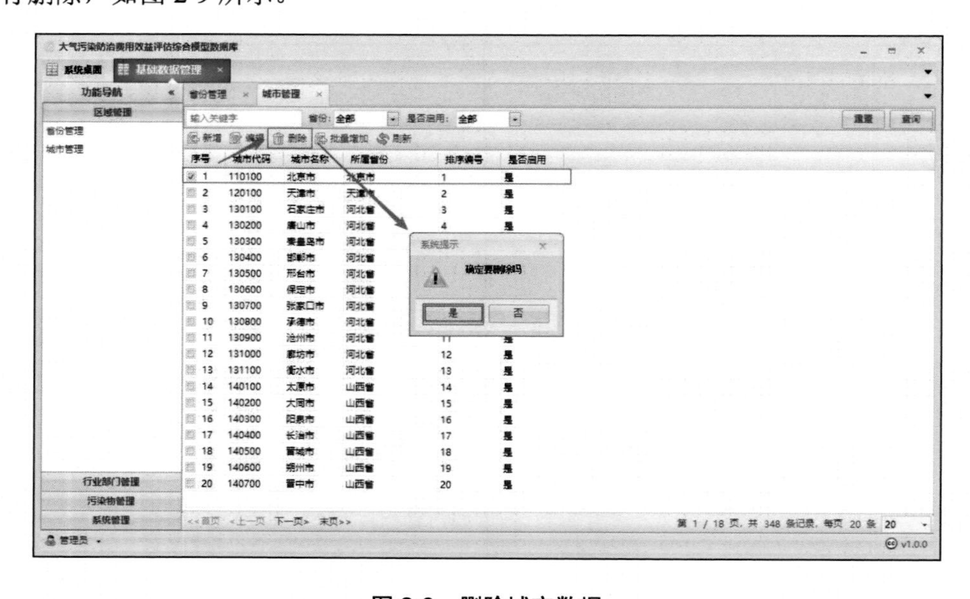

图 2-9　删除城市数据

用户可通过点击“批量增加”选项卡来批量导入城市数据。

用户可通过点击“刷新”选项卡来刷新当前的城市数据。

2.2 行业部门管理

行业部门管理主要包括部门管理及污染源分类。

2.2.1 部门管理

单击“行业部门管理”，再单击“部门管理”，即可得到右侧数据界面，如图 2-10 所示。

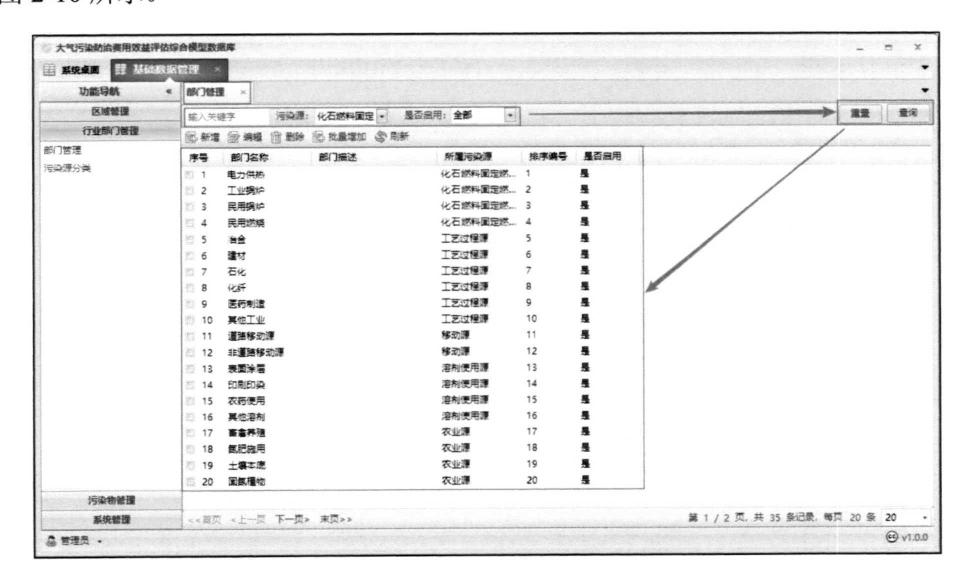

图 2-10　部门管理界面

用户在数据界面上方输入关键字，或在“污染源”选项卡下拉列表中进行选择可以快速筛选查询特定数据，并操作其是否启用。用户可以通过工具栏选项对数据进行相关操作。

单击“新增”选项卡，在弹出窗口中填写或选择相关部门管理信息后点击“保存”即可在列表中添加新的部门数据（图 2-11）。

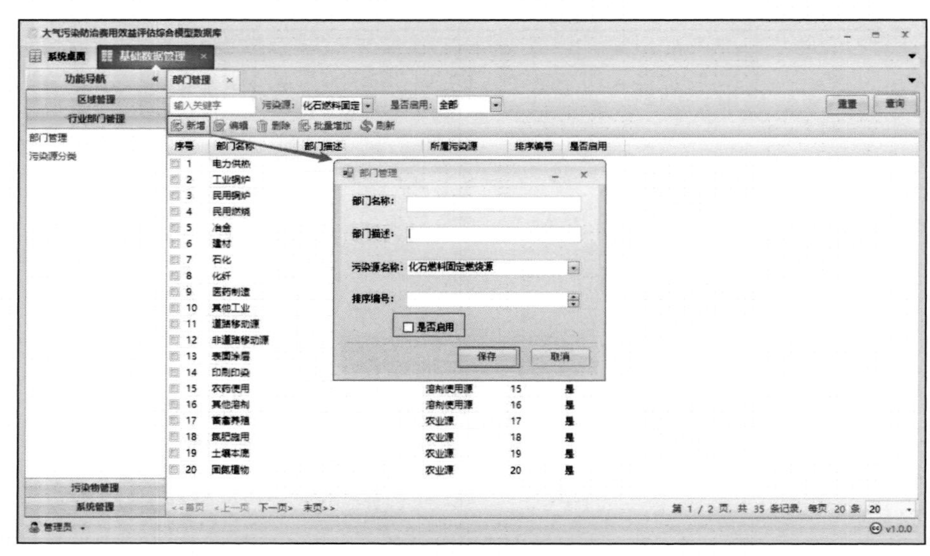

图 2-11　新增部门数据

编辑部门数据时，在左侧方框内勾选需要编辑的部门，在弹出窗口中修改部门名称、部门描述及选择污染源名称，点击“保存”即可编辑修改完成一个部门数据，如图 2-12 所示。

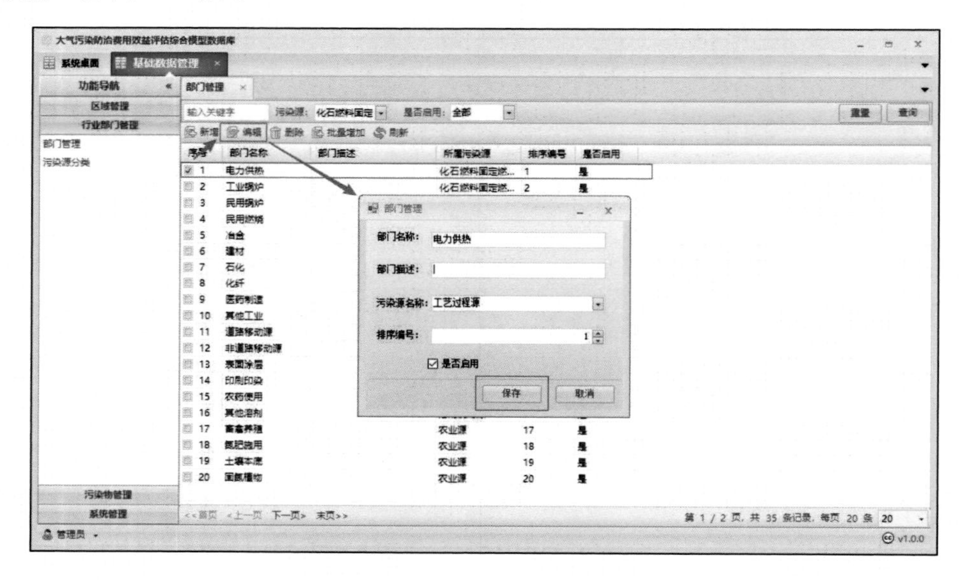

图 2-12　编辑部门数据

用户可根据自身的需要点击勾选不需要的部门，然后点击“删除”选项卡进行删除，如图 2-13 所示。

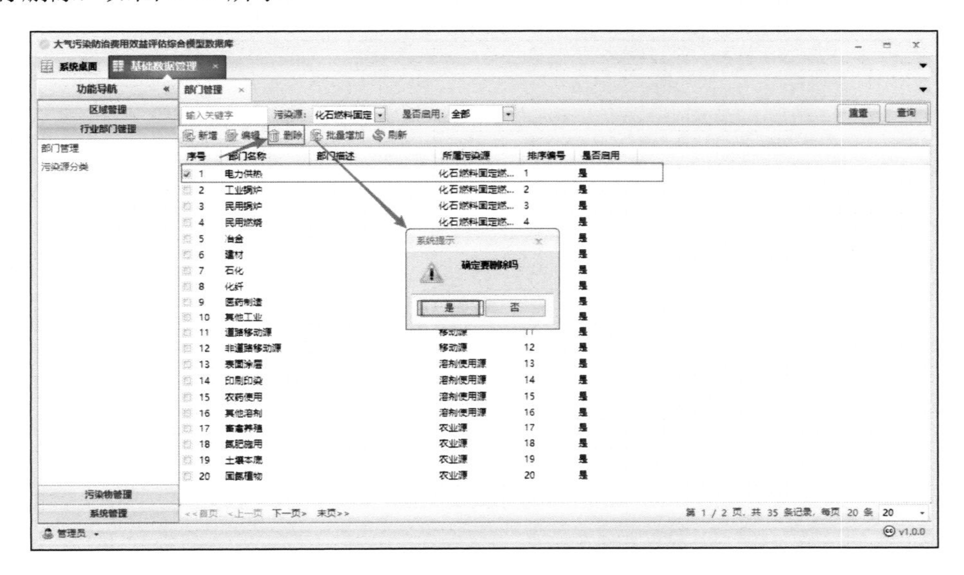

图 2-13　删除部门数据

用户可通过点击“批量增加”选项卡来批量导入部门数据。

用户可通过点击“刷新”选项卡来刷新当前的部门数据。

2.2.2　污染源分类

单击“行业部门管理”，再单击“污染源分类”，即可得到右侧数据界面，如图 2-14 所示。用户可以通过输入关键字快速筛选查询特定数据，并操作其是否启用。

用户可以通过工具栏选项对数据进行相关操作。

单击“新增”选项卡，在弹出窗口中填写或选择相关污染源分类信息后点击“保存”即可在列表中添加新的污染源数据（图 2-15）。

编辑污染源数据时，在左侧方框内勾选需要编辑的污染源，在弹出窗口中修改污染源名称及污染源描述，点击“保存”即可编辑修改完成一个污染源数据，如图 2-16 所示。

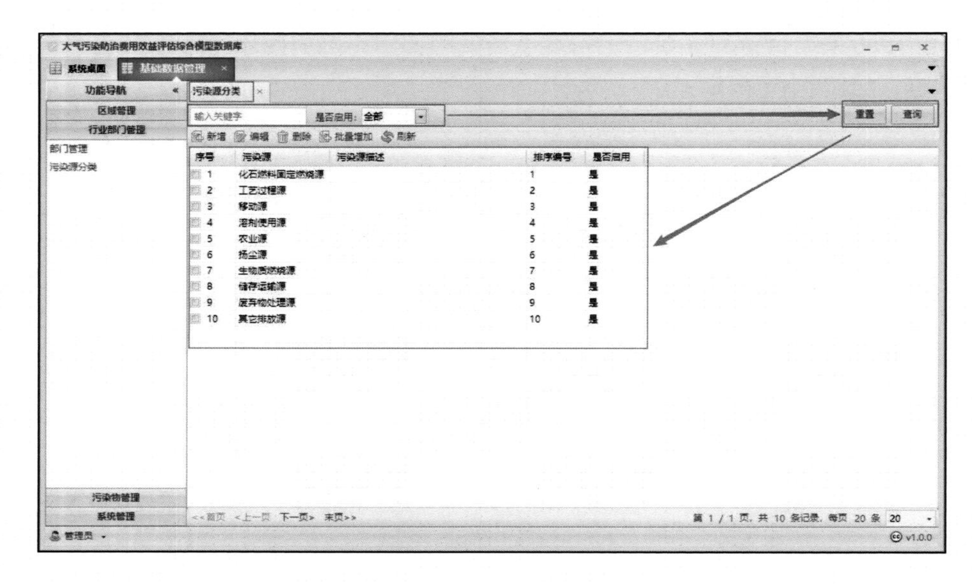

图 2-14　污染源分类界面

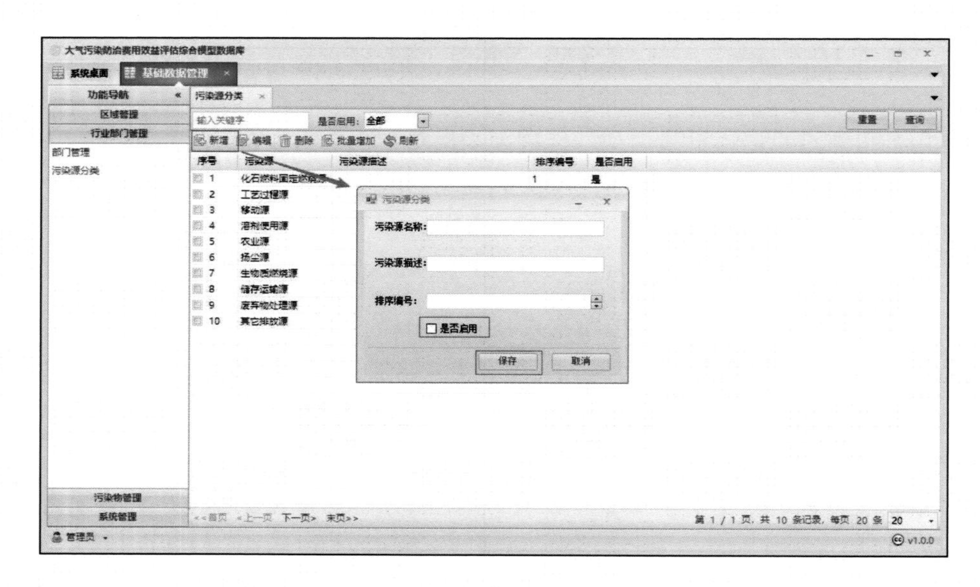

图 2-15　新增污染源数据

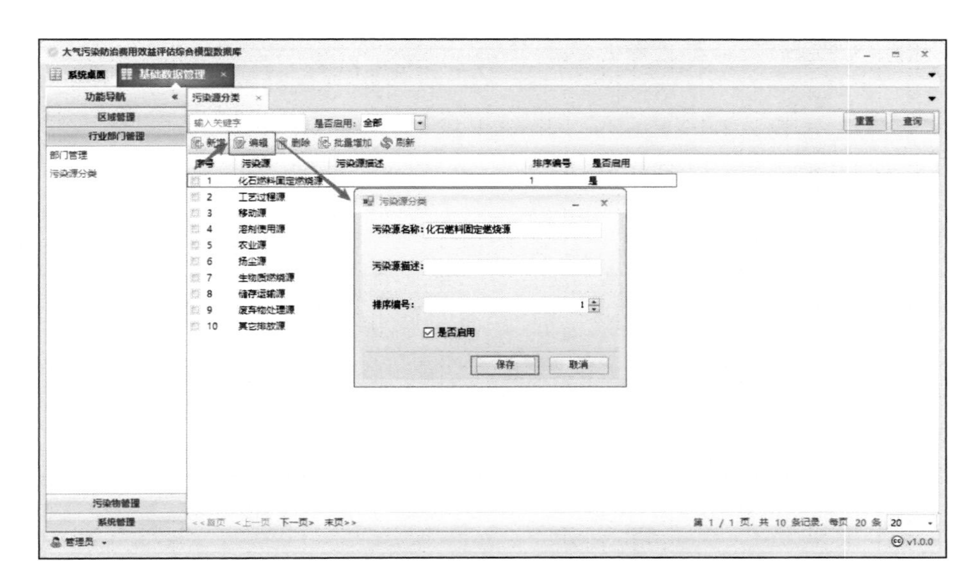

图 2-16　编辑污染源数据

用户可根据自身的需要点击勾选不需要的污染源，然后点击“删除”选项卡进行删除，如图 2-17 所示。

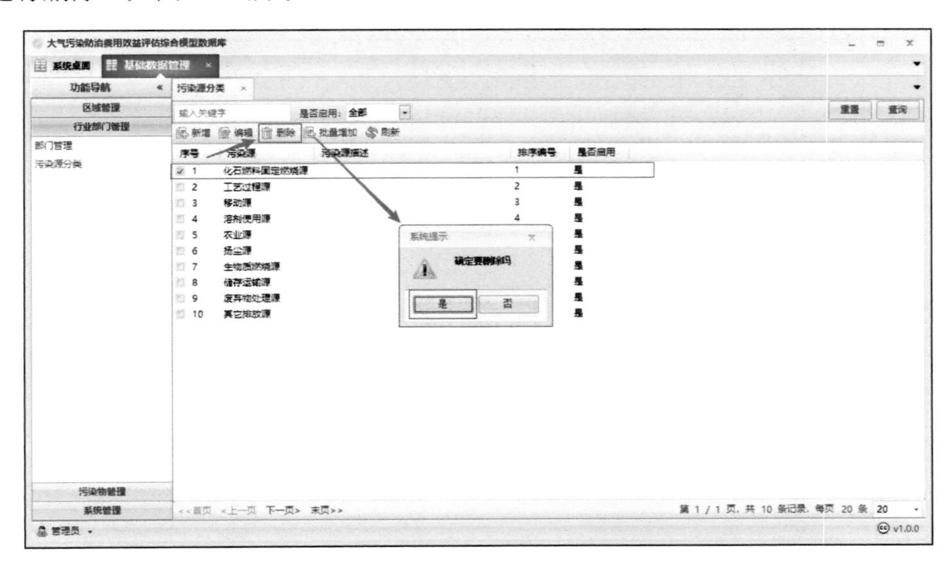

图 2-17　删除污染源数据

用户可通过点击“批量增加”选项卡来批量导入污染源数据。

用户可通过点击“刷新”选项卡来刷新当前的污染源数据。

2.3 污染物管理

污染物管理模块中主要是对污染物种类数据进行管理。

单击“污染物管理”，再单击“物种管理”，即可得到右侧数据界面，如图 2-18 所示。用户可以通过输入关键字快速筛选查询特定数据，并操作其是否启用。

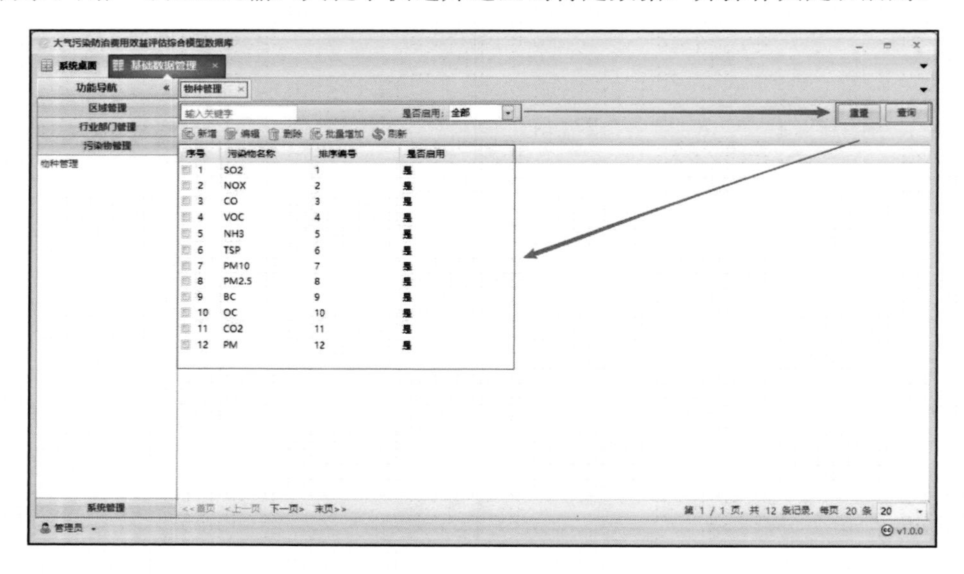

图 2-18 物种管理界面

用户可以通过工具栏选项对数据进行相关操作。

单击“新增”选项卡，在弹出窗口中填写或选择相关污染物管理信息后点击“保存”即可在列表中添加新的污染物数据（图 2-19）。

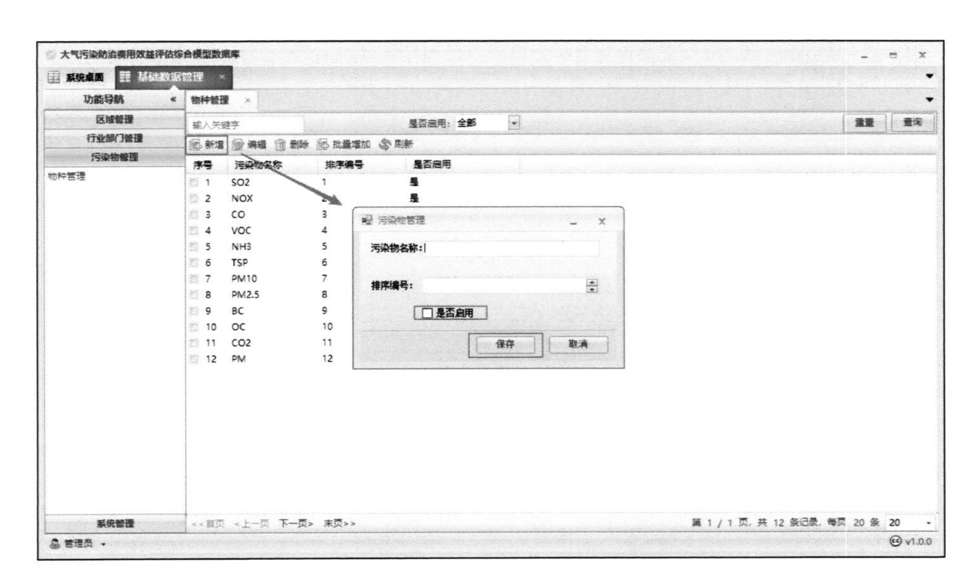

图 2-19　新增物种数据

编辑物种数据时，在左侧方框内勾选需要编辑的污染物种类，在弹出窗口中修改污染物名称，点击“保存”即可编辑修改完成一个物种数据，如图 2-20 所示。

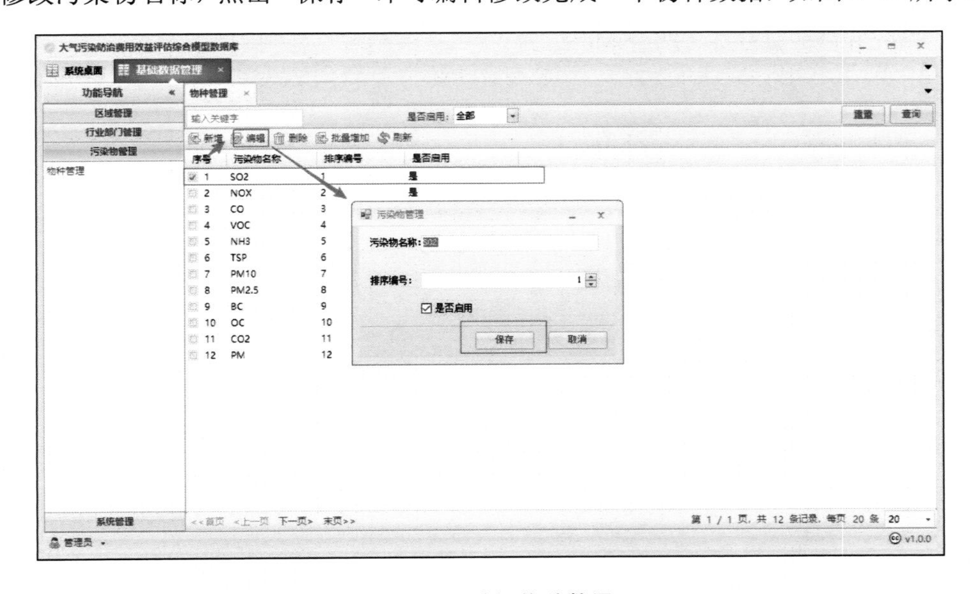

图 2-20　编辑物种数据

用户可根据自身需要点击勾选不需要的污染物，然后点击“删除”选项卡进行删除，如图 2-21 所示。

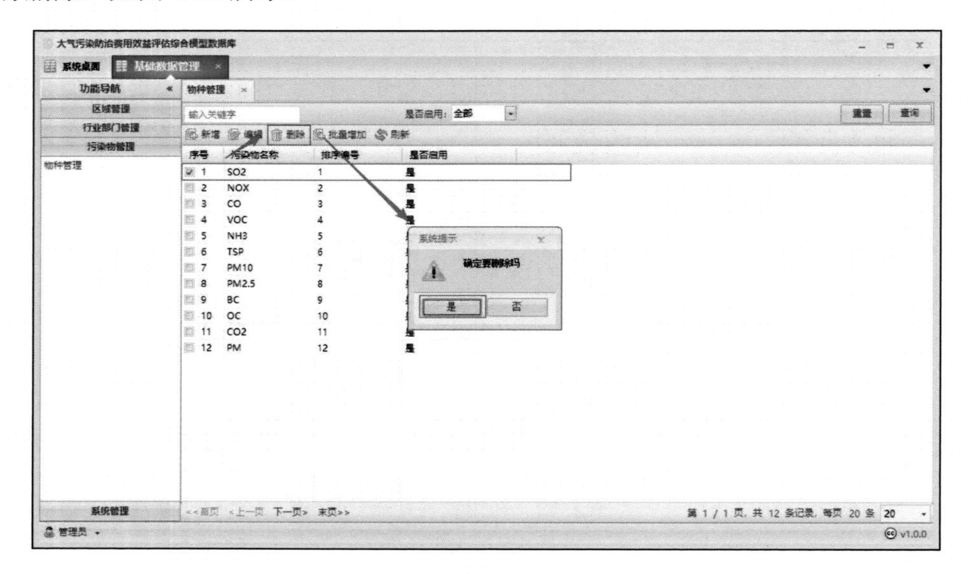

图 2-21　删除污染物数据

用户可以通过点击“批量增加”选项卡来批量导入污染物数据。

用户可以通过点击“刷新”选项卡来刷新当前的污染物数据。

第 3 章　空气质量监测数据管理

本章主要介绍空气质量监测数据管理的使用。

单击费用效益评估综合模型基础数据库主页面中“空气质量监测数据管理”按钮，进入该模块界面，该库的功能主要为以多种形式统计和展示各城市的空气质量情况，如图 3-1 所示。

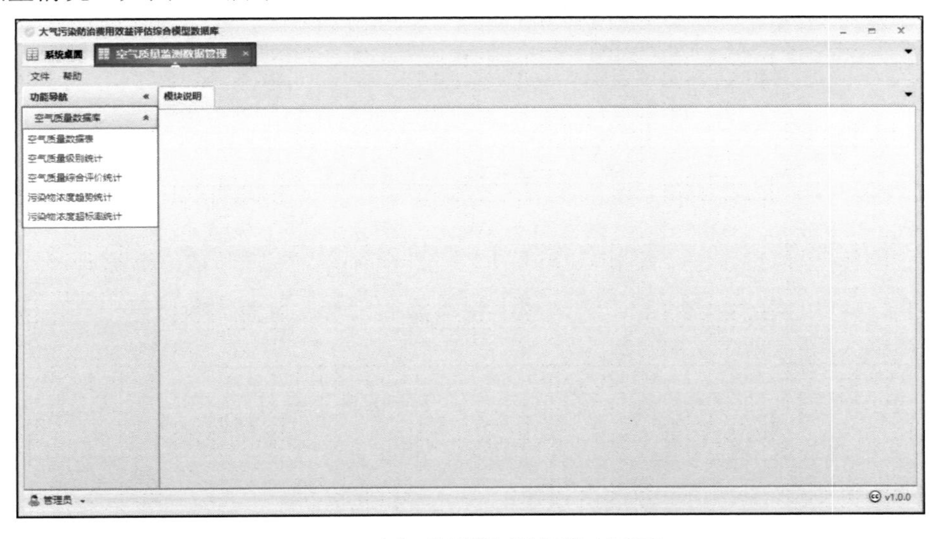

图 3-1　空气质量监测数据管理界面

单击“空气质量数据库”，再单击“空气质量数据表”，即可得到以数据表形式展示的各城市监测站点各污染物的监测浓度情况，如图 3-2 所示。

用户可以通过选择起始时间、统计年份及地区快速筛选查询所需的特定数据。

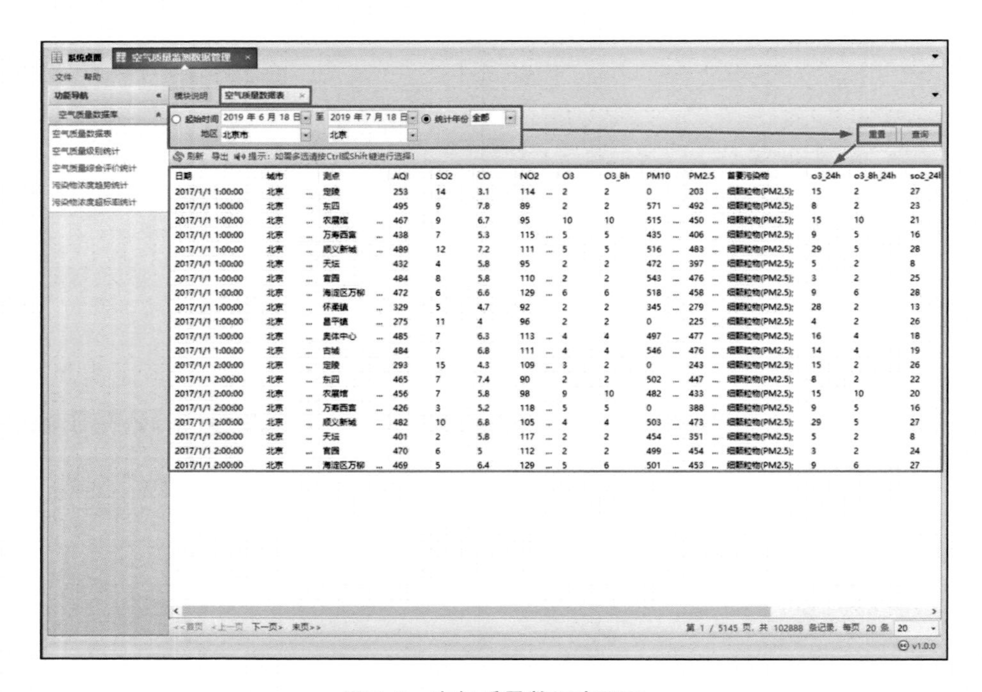

图 3-2 空气质量数据表界面

用户可以通过点击“刷新”选项卡来刷新当前的空气质量监测数据。

用户可以通过点击“导出”选项卡将所需的空气质量监测数据导出到本地路径，以供后期使用。

单击“空气质量数据库”，再单击“空气质量级别统计”，即可得到以柱状图形式展示的各城市空气质量级别天数情况，如图 3-3 所示。同时用户还可以通过选择起始时间、统计年份及地区快速绘制所需的柱状图。

单击“空气质量数据库”，再单击“空气质量综合评价统计”，即可得到以饼状图形式展示的各城市空气质量综合情况，如图 3-4 所示。同时用户可以通过选择起始时间、统计年份、地区及统计类型（包括优良天数统计、综合指数统计以及首要污染物统计）快速绘制所需的饼状图。

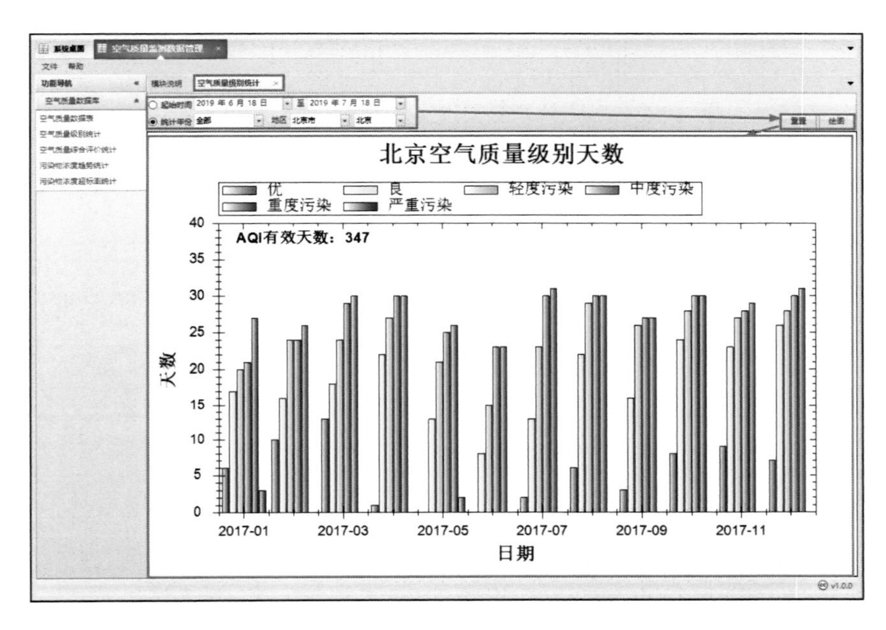

图 3-3　空气质量级别统计界面

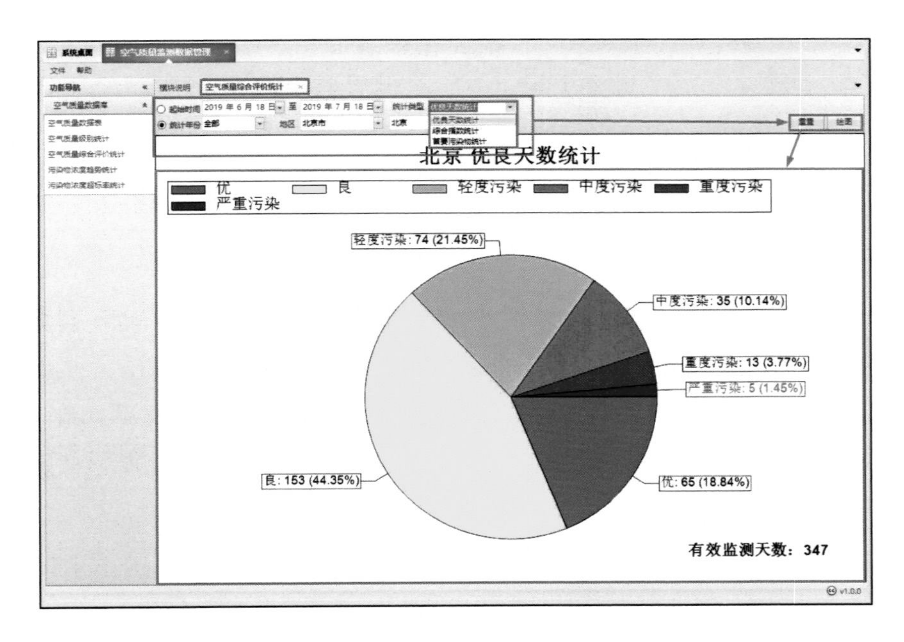

图 3-4　空气质量综合评价统计界面

单击“空气质量数据库”，再单击“污染物浓度趋势统计”，即可得到以时间序列图展示各城市各污染物浓度日、月均值在选定时间区间内的变化趋势，如图 3-5 所示。同时用户还可以通过选择物种、起始时间、统计年份、地区及统计类型（包括日均值和月均值）快速绘制所需的时间序列图。

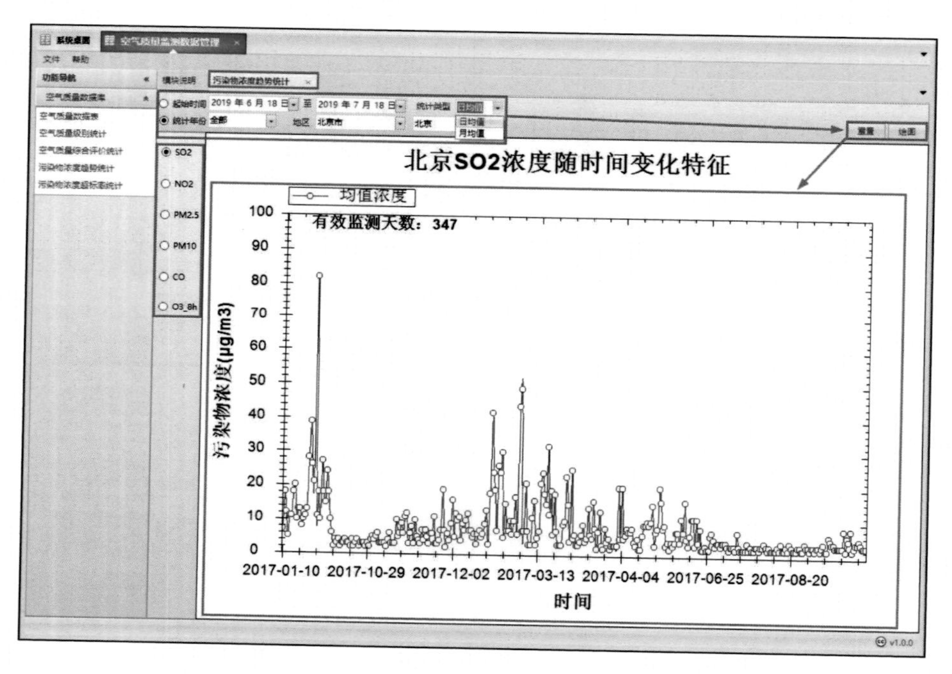

图 3-5　污染物浓度趋势统计界面

单击“空气质量数据库”，再单击“污染物浓度超标率统计”，即可得到以柱状图展示各城市各污染物达标或超标天数的统计情况，如图 3-6 所示。同时用户还可以通过选择物种、起始时间、统计年份、地区、显示类型（包括天数、百分比）、评价标准（包括一级、二级）及评价形式（包括达标、超标）快速绘制所需的超标率统计图。

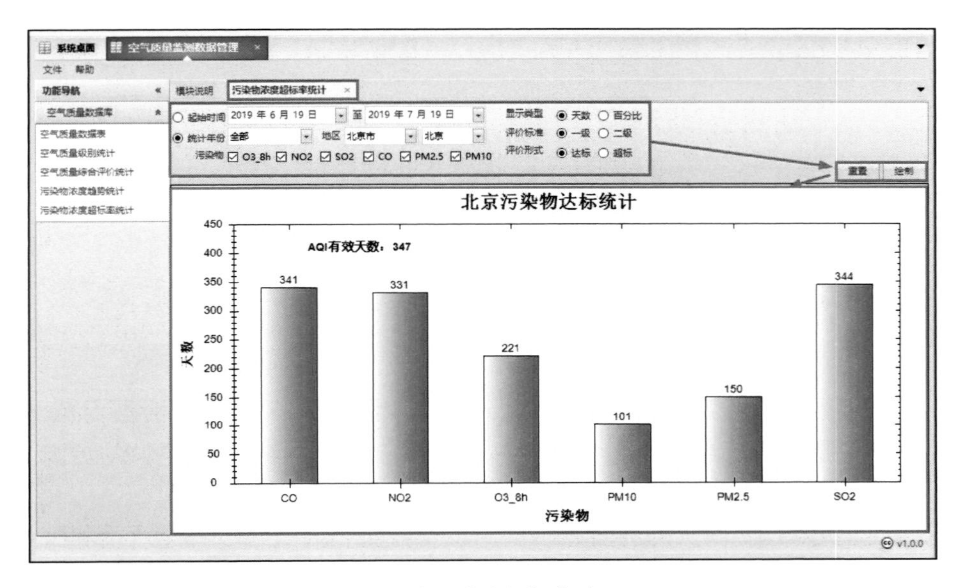

图 3-6　污染物浓度超标率统计界面

第 4 章　基准排放清单库

本章主要介绍基准排放清单库的使用。

单击费用效益评估综合模型基础数据库主页面中“基准排放清单库”按钮，进入该模块界面，该库的功能主要包括分部门排放量统计和排放量汇总，如图 4-1 所示。

图 4-1　基准排放清单库界面

4.1　分部门排放量统计

在基准排放清单库界面单击“分部门排放量统计”，可以得到 10 个不同部门（化石燃料固定燃烧源、工业过程源、移动源、溶剂使用源、农业源、扬尘源、生物质燃烧源、储存运输源、废弃物处理源及其它排放源）的排放数据，单击各部门名称可以在右侧查看相应数据，如图 4-2 所示。

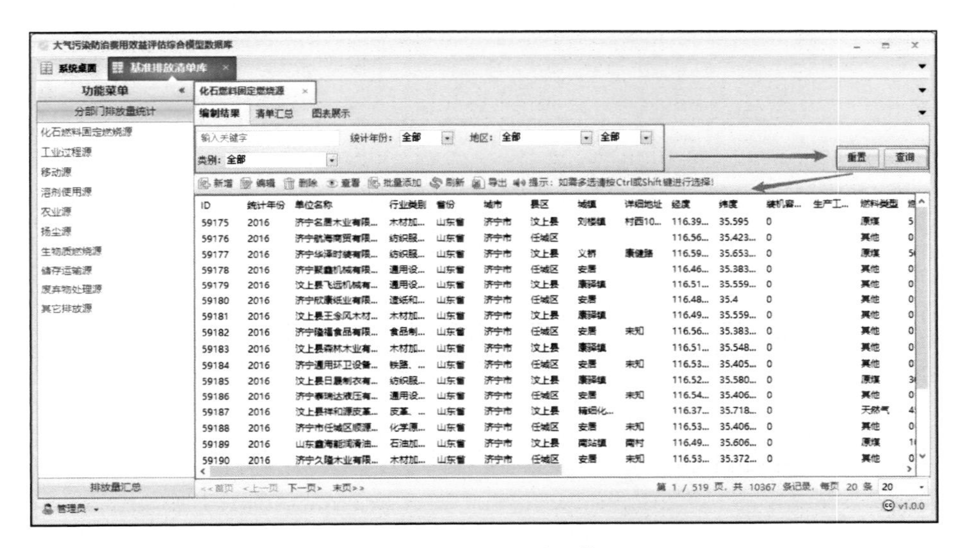

图 4-2　分部门排放量统计数据展示

用户可以通过上方搜索框输入关键字、年份及地区等信息快速筛选查询特定数据。

各部门数据默认显示界面为“编制结果”，在上方选项条可分别单击查看汇总各城市各行业各污染物对应的年均排放总量的“清单汇总”（图 4-3）及以柱状图展示各污染物排放总量的“图表展示”（图 4-4）。

用户可以通过工具栏选项对数据进行相关操作。

单击“新增”选项卡，在弹出窗口中填写相关部门管理信息后点击“保存”即可在列表中添加新的部门清单编制结果数据（图 4-5）。

编辑编制结果时，选择点击需要编辑的单位名称信息对应的行，在弹出窗口中修改相关信息，点击“保存”即可编辑完成一个编制结果信息，如图 4-6 所示。

大气污染防治费用效益评估综合模型数据库

系统桌面 | 基准排放清单库

功能菜单：分部门排放量统计 — 化石燃料固定燃烧源、工业过程源、移动源、溶剂使用源、农业源、扬尘源、生物质燃烧源、储存运输源、废弃物处理源、其它排放源；排放量汇总

化石燃料固定燃烧源 — 编制结果 | 清单汇总 | 图表展示

统计年份：全部　地区：全部　全部　类别：全部　重置　查询

统计年份	行业类别	省份	城市	SO2排...	NOx排...	CO排...	VOC排...	NH3排...	TSP排...	PM2.5...	PM10...	BC排...	OC排...	CO2排...
2016	电力供热	山东省	滨州市	25883....	56641....	10328...	2678.82	277.92...	38852....	10419....	18814....	21.3257	6.1682...	8.4594...
2016	电力供热	山东省	德州市	3273.2...	35850....	8848.4...	1108.3...	0	6651.6...	2100.5...	2108.66	13.975	44.169	0
2016	电力供热	山东省	菏泽市	5164.0...	19936....	18679....	1162.6...	1385.9...	1125.1...	595.86	788.245	2.029	3.536	0
2016	电力供热	山东省	济南市	2789.8...	7390.6...	9554.6...	934.41...	189.38...	1212.7...	360.91...	611.95...	0.8898...	0.7222...	0
2016	电力供热	山东省	济宁市	28709.5	33595....	61803.8	7408.7...	0.14664	25461....	19794....	24791....	75.784...	0.3137...	5.4214...
2016	电力供热	山东省	聊城市	23628....	61503....	55985....	1677.0...	199.31...	22724....	12472....	18020....	26.280...	4.1935...	4.5071...
2016	电力供热	山东省	淄博市	32116....	47471....	31549....	1317.9...	96.670...	10207.3	5522.5...	8889.2...	14.301...	0.5077...	2.6279...
2016	工业锅炉	山东省	滨州市	5172.3...	9114.5...	23038....	1444.6...	0	7526.1...	1788.2...	3328.76	26.598...	15.049...	49734...
2016	工业锅炉	山东省	德州市	1930.7...	25734....	26046....	16754....	0	5049.5...	1099.9...	1114.7...	25.908	25.803	0
2016	工业锅炉	山东省	菏泽市	6939.0...	9172.48	5729.9...	808.148	338.737	4726.1...	1355.4...	2620.9...	26.421	21.273	0
2016	工业锅炉	山东省	济南市	4985.4...	14030....	54453....	1211.3...	0.05592	2052.6...	461.15...	627.63...	7.1747...	1.3769...	0
2016	工业锅炉	山东省	济宁市	5324.9...	9558.6...	10788...	15558....	0	7240.0...	2109.28	4060.0...	20.909...	9.2173...	3.3561...
2016	工业锅炉	山东省	聊城市	685.56...	942.37...	2536.5...	382.76...	0	2049.4...	197.48...	547.42...	7.0502...	4.5226...	46490...
2016	工业锅炉	山东省	淄博市	16465....	36264....	20189....	8154.9...	0	10648....	4829.6...	7333.6...	69.393...	37.509...	1.9228...
2016	民用锅炉	山东省	滨州市	193.60...	133.42...	309.76...	6.9696...	0	347.05...	167.83...	270.70...	31.8886	6.7133...	78358....
2016	民用锅炉	山东省	济南市	288.40...	333.02...	639.62...	14.356...	0	205.41	90.647...	159.57...	0.1810...	0	0
2016	民用锅炉	山东省	济宁市	1177.4...	691.91...	1883.9...	42.387...	0	6456.3...	3122.2...	5035.9...	593.23...	124.89...	47655...
2016	民用锅炉	山东省	聊城市	122.96...	372.56...	196.75...	4.4269...	0	229.81...	111.138	179.25...	21.116...	4.44552	49770....

<<首页 <上一页 下一页> 末页>>　第 1 / 2 页，共 26 条记录，每页 20 条 20

管理员　v1.0.0

图 4-3　分部门排放量统计的清单汇总界面

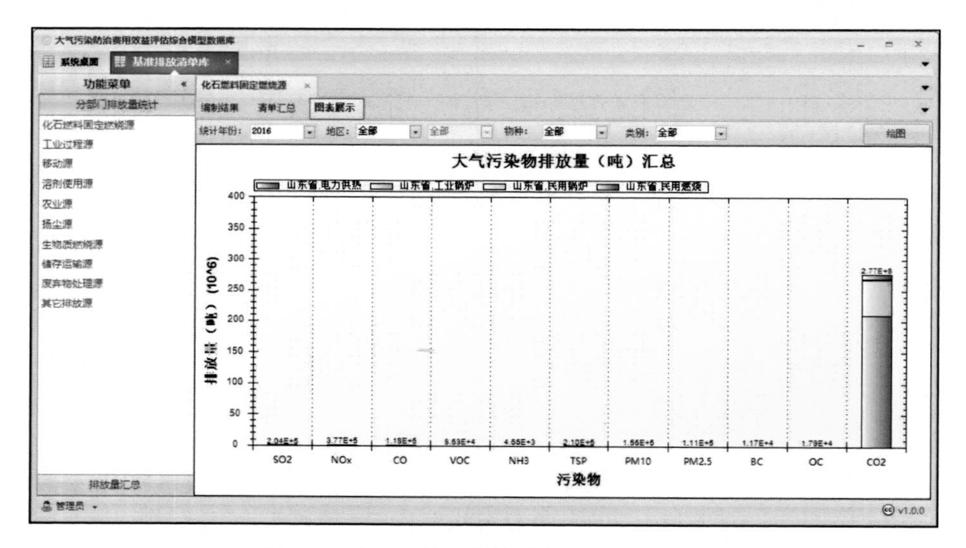

图 4-4　分部门排放量统计的图表展示界面

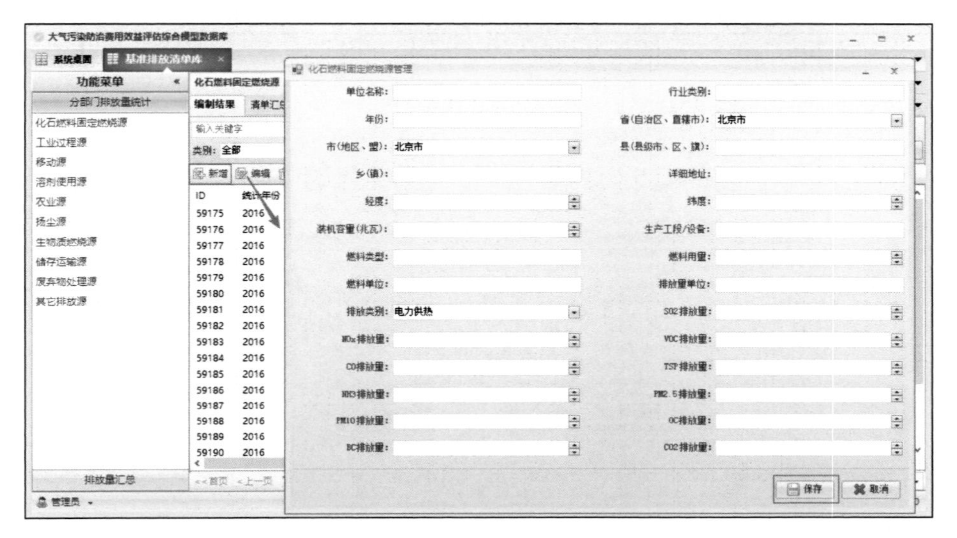

图 4-5　对行业排放量进行新增操作

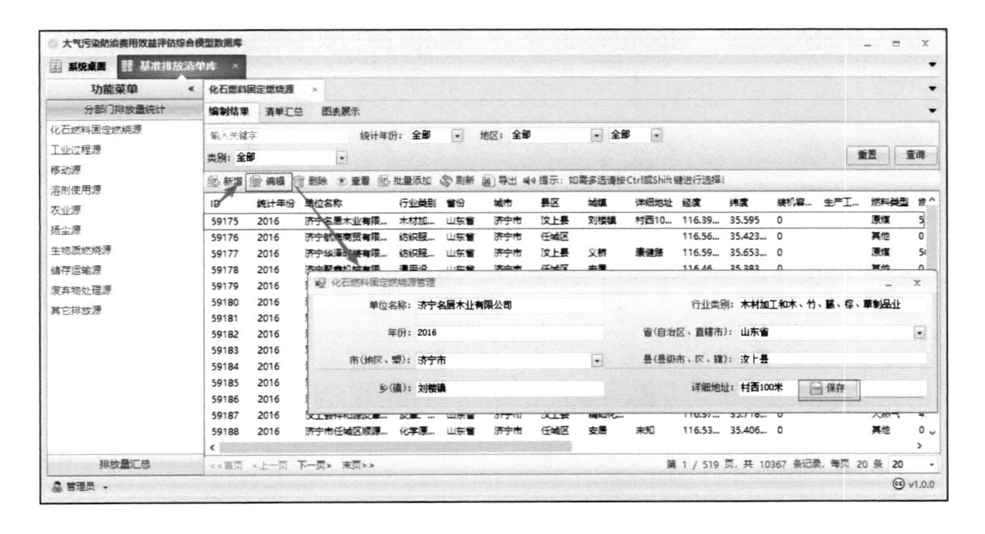

图 4-6　编辑编制结果

用户可根据自身的需要点击选择不需要的编制结果，然后点击“删除”选项卡进行删除，如图 4-7 所示。

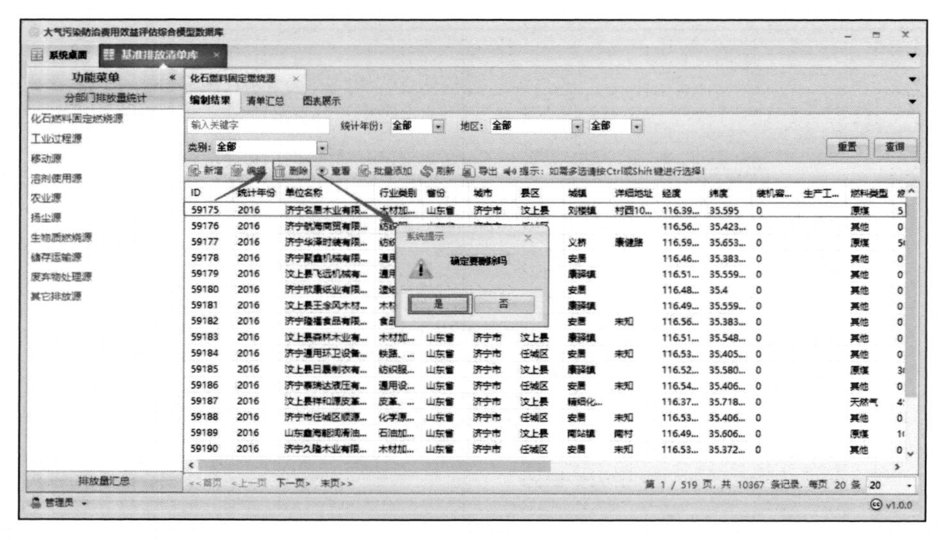

图 4-7　删除编制结果数据

点击“查看”选项卡，可以在弹出窗口中查看所选单位的清单编制结果详情（图 4-8）。

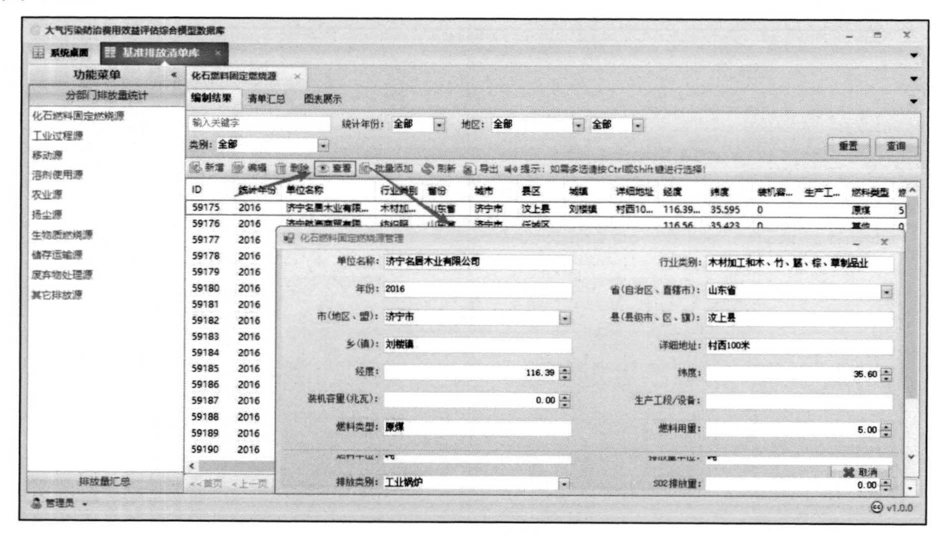

图 4-8　查看部门排放量数据详情

点击“批量添加”选项卡，可选择表格文件快速批量导入数据，同时系统提供了导入文件的格式模板，点击“点击下载清单模板”即可下载查看（图 4-9）。

图 4-9　批量添加部门排放量数据

用户可以通过点击“刷新”选项卡来刷新当前的编制结果数据。

最后可将修改后的数据导出，另存为 Excel 表格（图 4-10、图 4-11）。

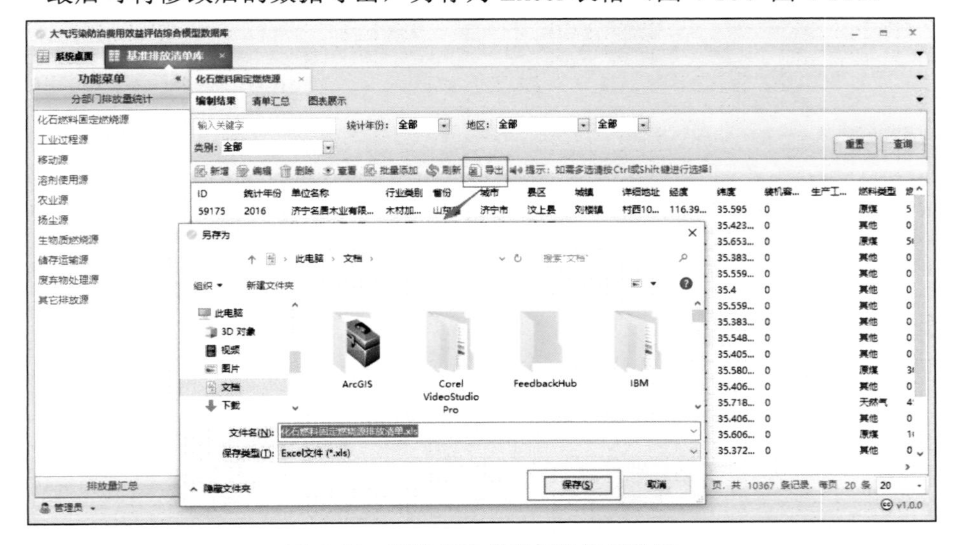

图 4-10　导出所选分部门排放量数据

化石燃料固定燃烧源排放清单 - Excel

ID	统计年份	单位名称	行业类别	省份	城市	县区	城镇	详细地址	经度	纬度	装机容量	生产工段	燃料类型	燃料用量	燃料单位	SO2排放	NOx排放	CO排放量	VOC排放	NH3排
15270	2016	神华国华	电力生产	北京市	北京市	朝阳区			116.118	39.953	322.89	燃气锅炉	天然气	43020	立方米	30.03	358.07	562.52	0	0
15302	2016	北京百通	民用热力	北京市	北京市	顺义区			116.664	40.177	0	自动炉排	原煤	0.035	万吨	1.74	0.97	2.8	0.02	0
15333	2016	北京志信	民用热力	北京市	北京市	房山区			116.13	39.614	0	自动炉排	原煤	0.048	万吨	1.68	1.03	3.88	0.03	0
15364	2016	北京创新	民用热力	北京市	北京市	房山区			116.076	39.625	0	自动炉排	原煤	0.073	万吨	2.52	1.55	5.81	0.04	0
15395	2016	太师屯镇	民用热力	北京市	北京市	密云区			116.348	39.516	0	自动炉排	原煤	0.04	万吨	1.48	1	3.18	0.02	0
15426	2016	北京斋堂	民用热力	北京市	北京市	门头沟区			115.694	39.948	0	自动炉排	原煤	0.024	万吨	0.96	0.42	1.94	0.01	0
15457	2016	北京市鹏	民用热力	北京市	北京市	昌平区			116.14	40.139	0	自动炉排	原煤	0.016	万吨	0.71	0.43	1.26	0.01	0
15488	2016	马刨泉村	民用热力	北京市	北京市	昌平区			116.881	40.157	0	自动炉排	原煤	0.001	万吨	0.04	0.02	0.06	0	0
15519	2016	北京东源	民用热力	北京市	北京市	顺义区			116.893	40.126	0	自动炉排	原煤	0.035	万吨	1.74	0.97	2.8	0.02	0
15550	2016	德善养老	民用热力	北京市	北京市	延庆区			115.965	40.473	0	自动炉排	原煤	0.01	万吨	0.51	0.35	0.79	0	0
15582	2016	北京市振	民用热力	北京市	北京市	昌平区			116.264	40.185	0	自动炉排	原煤	0.016	万吨	0.71	0.43	1.26	0.01	0
15613	2016	北京强大	工业热力	北京市	北京市	房山区			116.062	39.658	0	自动炉排	原煤	0.042	万吨	1.46	0.9	3.37	0.02	0
15644	2016	北京力维	民用热力	北京市	北京市	密云区			116.348	39.516	0	自动炉排	原煤	0.053	万吨	1.97	1.33	4.23	0.03	0
15675	2016	武警北京	民用热力	北京市	北京市	昌平区			116.091	40.184	0	自动炉排	原煤	0.032	万吨	1.43	0.86	2.52	0.02	0
15707	2016	北京金利	民用热力	北京市	北京市	房山区			116.091	39.623	0	自动炉排	原煤	0.073	万吨	2.52	1.55	5.81	0.04	0
15739	2016	北京市潮	民用热力	北京市	北京市	顺义区			116.401	39.903	0	自动炉排	原煤	0.035	万吨	1.74	0.97	2.8	0.02	0
15770	2016	武警交通	民用热力	北京市	北京市	延庆区			115.894	40.381	0	自动炉排	原煤	0.059	万吨	3.05	2.09	4.73	0.03	0
15801	2016	北京极易	民用热力	北京市	北京市	房山区			116.005	39.627	0	自动炉排	原煤	0.242	万吨	8.4	5.17	19.38	0.13	0
15833	2016	北京市南	民用热力	北京市	北京市	顺义区			116.614	40.118	0	自动炉排	原煤	0.017	万吨	0.87	0.49	1.4	0.01	0
15865	2016	北京市昌	民用热力	北京市	北京市	昌平区			116.268	40.127	0	自动炉排	原煤	0.063	万吨	2.86	1.73	5.05	0.04	0

图 4-11　导出分部门排放数据清单

4.2　排放量汇总

在基准排放清单库界面左下方单击“排放量汇总”即可得到清单汇总数据，如图 4-12 所示。

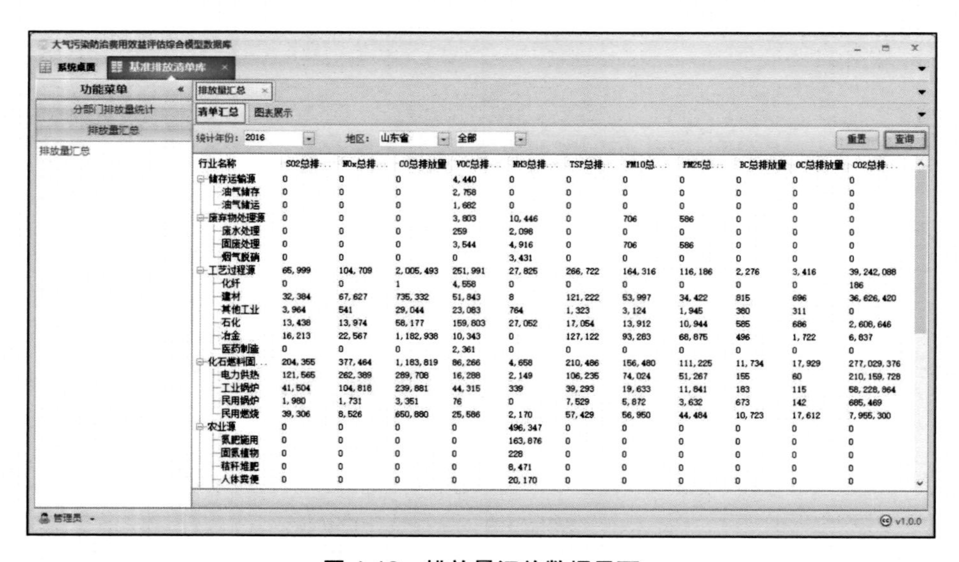

行业名称	SO2总排...	NOx总排...	CO总排放量	VOC总排...	NH3总排...	TSP总排...	PM10总...	PM25总...	BC总排放量	OC总排放量	CO2总排...
储存运输源	0	0	0	4,440	0	0	0	0	0	0	0
油气储存	0	0	0	2,758	0	0	0	0	0	0	0
油气储运	0	0	0	1,682	0	0	0	0	0	0	0
废弃物处理源	0	0	0	3,803	10,446	0	706	586	0	0	0
废水处理	0	0	0	259	2,098	0	0	0	0	0	0
固废处理	0	0	0	3,544	4,916	0	706	586	0	0	0
烟气脱硝	0	0	0	0	3,431	0	0	0	0	0	0
工艺过程源	65,999	104,709	2,005,493	251,991	27,825	266,722	164,316	116,186	2,276	3,416	39,242,088
化纤	0	0	1	4,558	0	0	0	0	0	0	186
建材	32,384	67,627	735,332	51,843	8	121,222	53,997	34,422	815	696	36,626,420
其他工业	3,964	541	29,044	23,083	764	1,323	3,124	1,945	380	311	0
石化	13,438	13,974	58,177	159,803	27,052	17,054	13,912	10,944	585	686	2,608,646
冶金	16,213	22,567	1,182,938	10,343	0	127,122	93,283	68,875	496	1,722	6,837
医药制造	0	0	0	2,361	0	0	0	0	0	0	0
化石燃料固...	204,355	377,464	1,183,819	86,266	4,658	210,486	156,480	111,225	11,734	17,929	277,029,376
电力供热	121,565	262,389	289,708	16,288	2,149	106,235	74,024	51,267	155	60	210,159,728
工业锅炉	41,504	104,818	239,881	44,315	339	39,293	19,633	11,841	183	115	58,228,864
民用锅炉	1,980	1,731	3,351	76	0	7,529	5,872	3,632	673	142	685,469
民用燃烧	39,306	8,526	650,880	25,586	2,170	57,429	56,950	44,484	10,723	17,612	7,955,300
农业源	0	0	0	0	496,347	0	0	0	0	0	0
氮肥施用	0	0	0	0	163,876	0	0	0	0	0	0
固氮植物	0	0	0	0	228	0	0	0	0	0	0
秸秆堆肥	0	0	0	0	8,471	0	0	0	0	0	0
人体粪便	0	0	0	0	20,170	0	0	0	0	0	0

图 4-12　排放量汇总数据界面

单击数据界面上方选项卡可切换至图表展示界面查看对应地区各污染物排放总量的汇总数据图表，如图 4-13 所示。

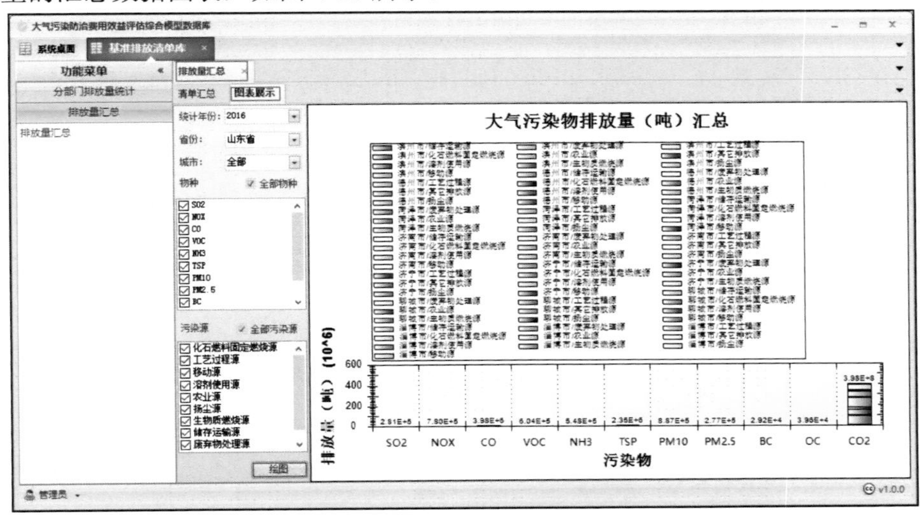

图 4-13　排放量汇总图表展示界面

在图表展示中，如图 4-14 所示，用户可以在左侧选项框中任意选择污染物及污染源，点击“绘图”查看其数据的图表展示结果。

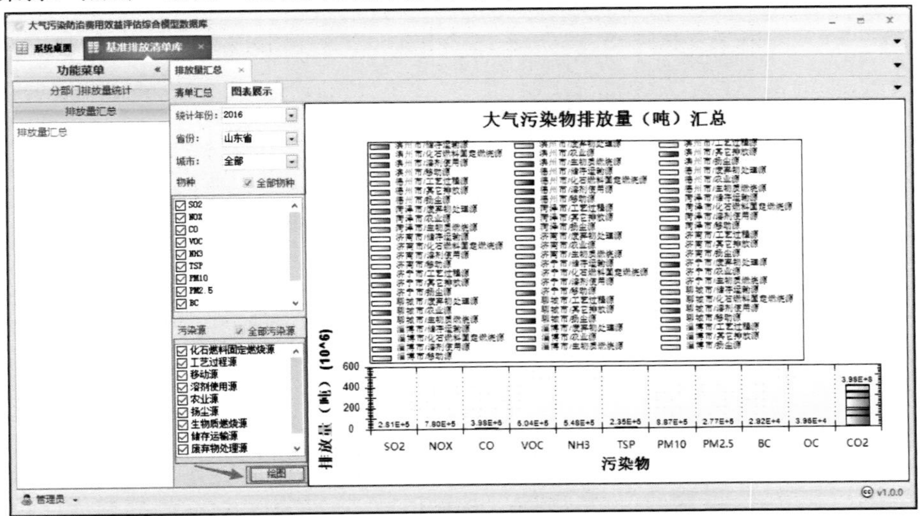

图 4-14　选择污染物及污染源查看排放量汇总图表

第 5 章　减排情景及措施库

本章主要介绍减排情景及措施库的使用。

单击费用效益评估综合模型基础数据库主页面中“减排情景及措施库”按钮，进入该模块界面，该库的功能主要包括减排情景管理、控制措施管理和减排技术成本管理，如图 5-1 所示。

图 5-1　减排情景及措施库界面

5.1　减排情景管理

减排情景管理包括减排政策管理和能源政策管理。

单击“减排情景管理”，再单击“减排情景”，即可得到右侧数据界面，如图 5-2 所示。

同时用户可以通过输入关键字、地区、行业及物种等信息快速筛选查询特定数据。

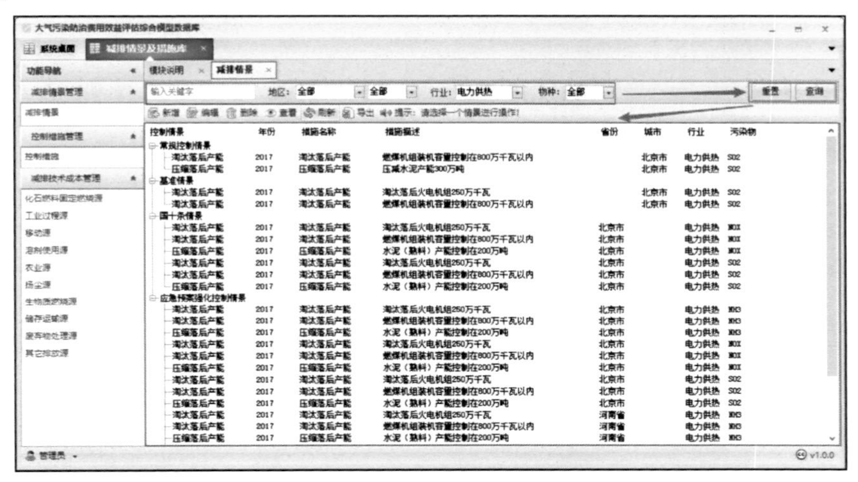

图 5-2　减排情景数据界面

用户可以通过工具栏选项对数据进行相关操作。

单击“新增”选项卡，在弹出窗口中选择所需的控制因子、减排措施或技术、情景名称及情景年份后点击“确定”即可在列表中添加新的减排情景数据（图 5-3）。

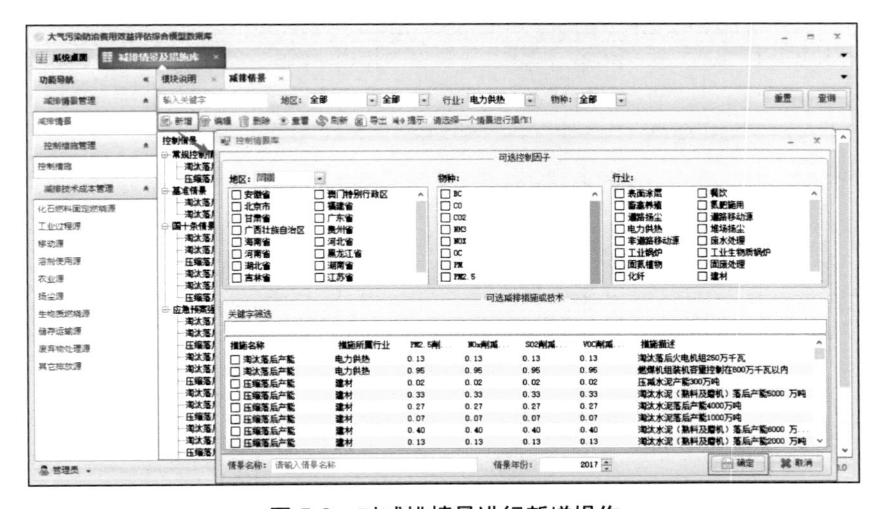

图 5-3　对减排情景进行新增操作

编辑控制情景时，选择点击需要编辑的控制情景，在弹出窗口中修改相关信息，点击“确定”即可编辑完成一个控制情景信息，如图 5-4 所示。

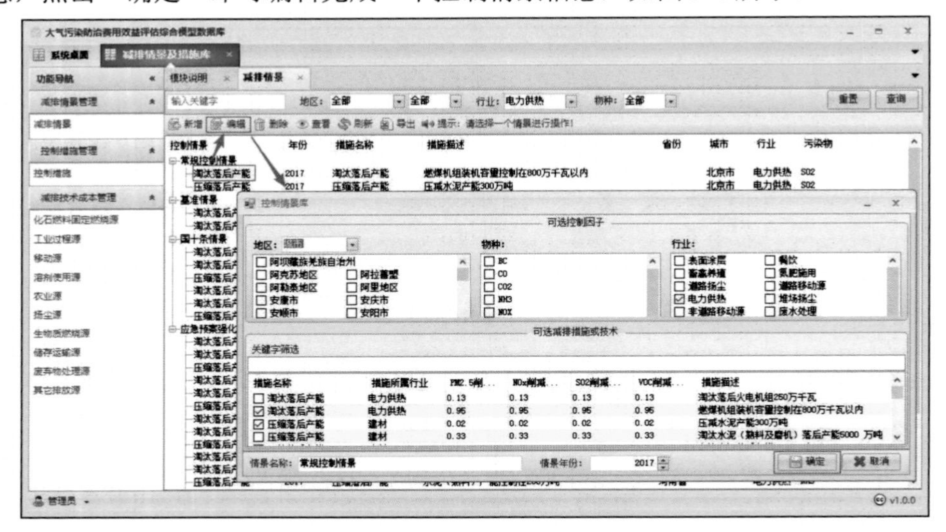

图 5-4 编辑控制情景数据

用户可根据自身的需要点击选择不需要的控制情景，然后点击“删除”选项卡进行删除，如图 5-5 所示。

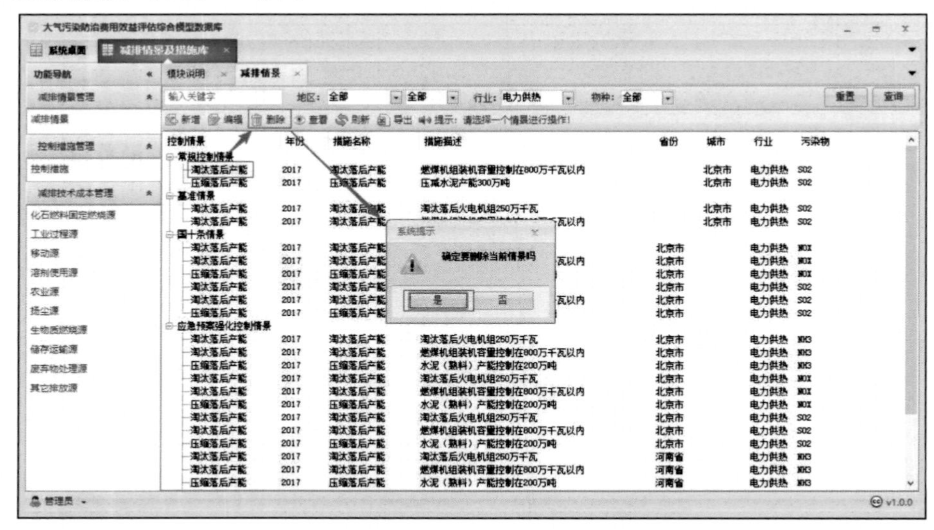

图 5-5 删除控制情景数据

点击“查看”选项卡，可以在弹出窗口中查看所选数据的各项参数详情（图 5-6）。

大气污染防治费用效益评估综合模型数据库
系统桌面　减排情景及措施库
功能导航　模块说明　减排情景
减排情景管理
减排情景
控制措施管理
控制措施
减排技术成本管理
化石燃料固定燃烧源
工业过程源
移动源
溶剂使用源
农业源
扬尘源
生物质燃烧源
储存运输源
废弃物处理源
其它排放源
输入关键字　地区：全部　全部　行业：电力供热　物种：全部　重置　查询
新增　编辑　删除　查看　刷新　导出　提示：请选择一个情景进行操作！
控制情景　年份　措施名称　措施描述　省份　城市　行业　污染物
常规控制情景
淘汰落后产能
压缩落后产能
基准情景
淘汰落后产能
淘汰落后产能
国十条情景
淘汰落后产能
淘汰落后产能
压缩落后产能
淘汰落后产能
淘汰落后产能
压缩落后产能
应急预案强化控制情景
淘汰落后产能
淘汰落后产能
压缩落后产能
淘汰落后产能
淘汰落后产能
压缩落后产能
淘汰落后产能
淘汰落后产能
压缩落后产能
淘汰落后产能
淘汰落后产能
压缩落后产能
控制情景库
可选控制因子
地区：q
阿坝藏族羌族自治州
阿克苏地区　阿拉善盟
阿勒泰地区　阿里地区
安康市　安庆市
安顺市　安阳市
鞍山市　澳门特别行政区
物种：
BC
CO
CO2
NH3
NOX
OC
行业：
表面涂层　餐饮
畜禽养殖　氮肥施用
道路扬尘　道路移动源
电力供热　堆场扬尘
非道路移动源　废水处理
工业锅炉　工业生物质锅炉
可选减排措施或技术
关键字筛选

措施名称	措施所属行业	PM2.5削…	NOx削减…	SO2削减…	VOC削减…	措施描述
☐ 淘汰落后产能	电力供热	0.13	0.13	0.13	0.13	淘汰落后火电机组250万千瓦
☑ 淘汰落后产能	电力供热	0.95	0.95	0.95	0.95	燃煤机组装机容量控制在800万千…
☑ 压缩落后产能	建材	0.02	0.02	0.02	0.02	压减水泥产能300万吨
☐ 压缩落后产能	建材	0.33	0.33	0.33	0.33	淘汰水泥（熟料及磨机）落后产能…
☐ 压缩落后产能	建材	0.27	0.27	0.27	0.27	淘汰水泥落后产能4000万吨
☐ 压缩落后产能	建材	0.07	0.07	0.07	0.07	淘汰水泥落后产能1000万吨

情景名称：常规控制情景　情景年份：2017　取消
管理员　v1.0.0

图 5-6　查看减排控制情景数据详情

用户可以通过点击“刷新”选项卡来刷新当前的控制情景数据。

最后可根据用户自身的需求，将不同部门控制情景清单导出至 Excel 表格（图 5-7、图 5-8）。

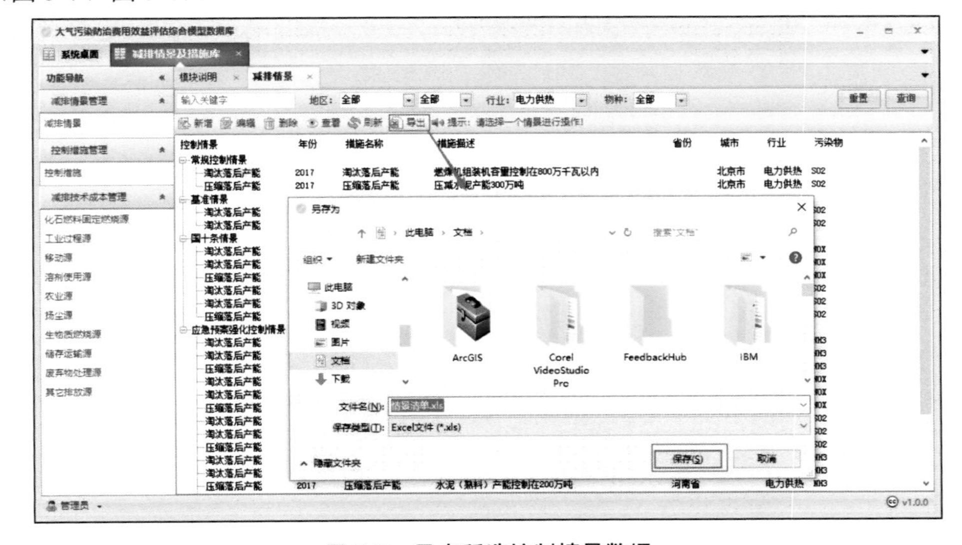

图 5-7　导出所选控制情景数据

	A	B	C	D	E	F	G	H	I
1	**控制情景**	**年份**	**措施名称**	**措施描述**	**省份**	**城市**	**行业**	**污染物**	
2	常规控制情景								
3	淘汰落后产	2017	淘汰落后产	燃煤机组装机容量控		北京市	电力供热	SO2	
4	压缩落后产	2017	压缩落后产	压减水泥产能300万吨		北京市	电力供热	SO2	
5	基准情景								
6	淘汰落后产	2017	淘汰落后产	淘汰落后火电机组250		北京市	电力供热	SO2	
7	淘汰落后产	2017	淘汰落后产	燃煤机组装机容量控		北京市	电力供热	SO2	
8	国十条情景								
9	淘汰落后产	2017	淘汰落后产	淘汰落后火	北京市		电力供热	NOX	
10	淘汰落后产	2017	淘汰落后产	燃煤机组装	北京市		电力供热	NOX	
11	压缩落后产	2017	压缩落后产	水泥（熟料	北京市		电力供热	NOX	
12	淘汰落后产	2017	淘汰落后产	淘汰落后火	北京市		电力供热	SO2	
13	淘汰落后产	2017	淘汰落后产	燃煤机组装	北京市		电力供热	SO2	
14	压缩落后产	2017	压缩落后产	水泥（熟料	北京市		电力供热	SO2	
15	应急预案强化控制情景								
16	淘汰落后产	2017	淘汰落后产	淘汰落后火	北京市		电力供热	NH3	
17	淘汰落后产	2017	淘汰落后产	燃煤机组装	北京市		电力供热	NH3	
18	压缩落后产	2017	压缩落后产	水泥（熟料	北京市		电力供热	NH3	
19	淘汰落后产	2017	淘汰落后产	淘汰落后火	北京市		电力供热	NOX	
20	淘汰落后产	2017	淘汰落后产	燃煤机组装	北京市		电力供热	NOX	
21	压缩落后产	2017	压缩落后产	水泥（熟料	北京市		电力供热	NOX	
22	淘汰落后产	2017	淘汰落后产	淘汰落后火	北京市		电力供热	SO2	
23	淘汰落后产	2017	淘汰落后产	燃煤机组装	北京市		电力供热	SO2	
24	压缩落后产	2017	压缩落后产	水泥（熟料	北京市		电力供热	SO2	
25	淘汰落后产	2017	淘汰落后产	淘汰落后火	河南省		电力供热	NH3	
26	淘汰落后产	2017	淘汰落后产	燃煤机组装	河南省		电力供热	NH3	
27	压缩落后产	2017	压缩落后产	水泥（熟料	河南省		电力供热	NH3	
28	淘汰落后产	2017	淘汰落后产	淘汰落后火	河南省		电力供热	NOX	
29	淘汰落后产	2017	淘汰落后产	燃煤机组装	河南省		电力供热	NOX	
30	压缩落后产	2017	压缩落后产	水泥（熟料	河南省		电力供热	NOX	
31	淘汰落后产	2017	淘汰落后产	淘汰落后火	河南省		电力供热	SO2	
32	淘汰落后产	2017	淘汰落后产	燃煤机组装	河南省		电力供热	SO2	
33	压缩落后产	2017	压缩落后产	水泥（熟料	河南省		电力供热	SO2	

图 5-8　导出控制情景清单

5.2　控制措施管理

单击“控制措施管理”，再单击“控制措施”即可得到措施清单数据，如图 5-9 所示。

用户可以通过输入关键字、统计年份及类别等信息快速筛选查询特定数据。

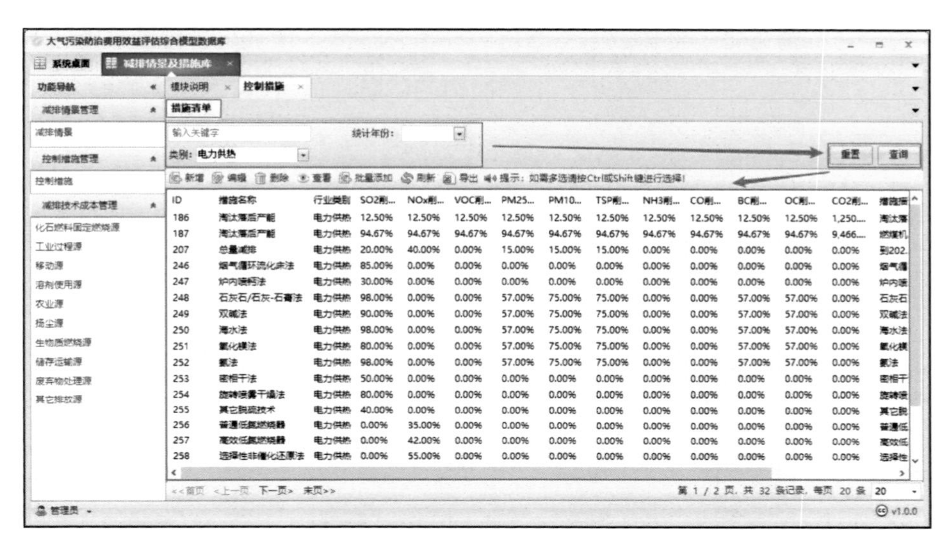

图 5-9　控制措施数据界面

用户可以通过工具栏选项对数据进行相关操作。

单击“新增”选项卡，在弹出窗口中填写相关控制措施信息后点击“保存”即可在列表中添加新的措施数据（图 5-10）。

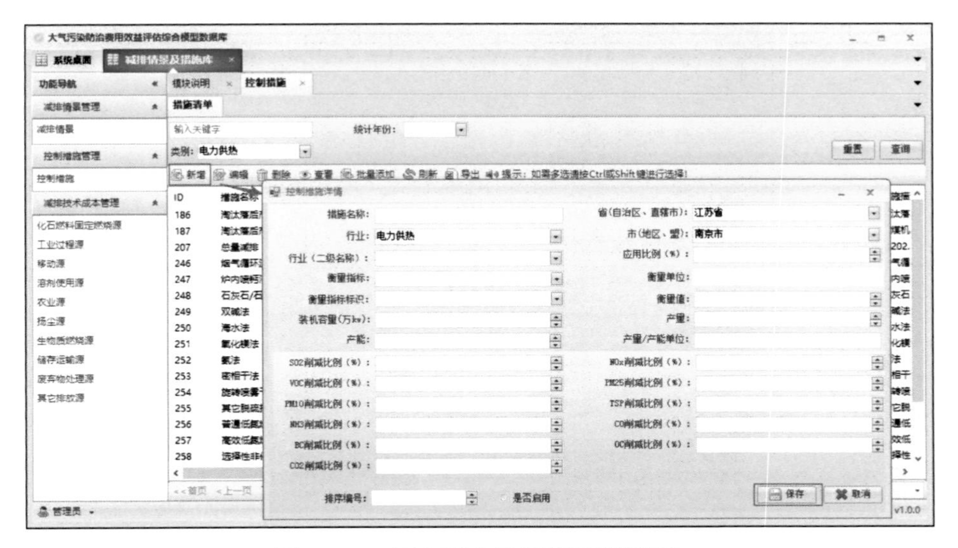

图 5-10　对控制措施数据进行新增操作

编辑控制措施时，选择点击需要编辑的控制措施，在弹出窗口中修改相关信息，点击“保存”即可编辑完成一个控制措施信息，如图 5-11 所示。

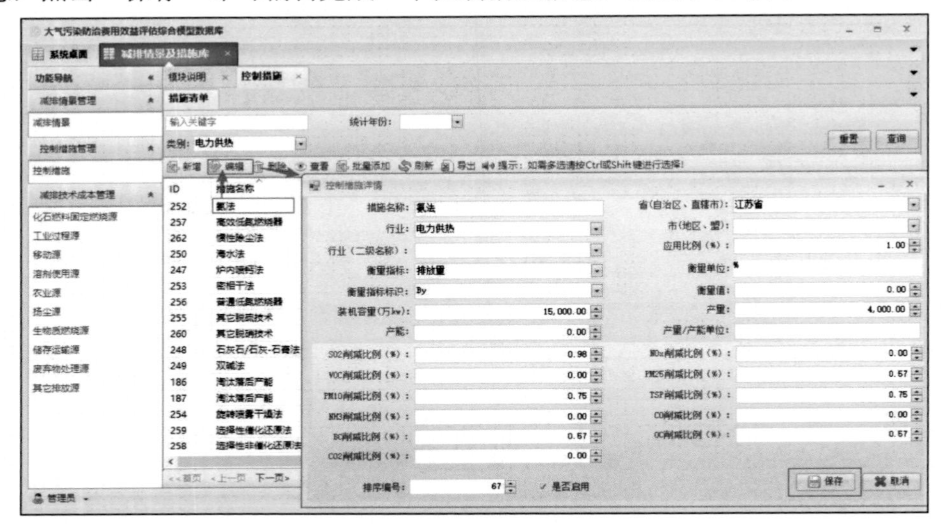

图 5-11　编辑控制措施详情

用户可根据自身的需要点击选择不需要的控制措施，然后点击“删除”选项卡进行删除，如图 5-12 所示。

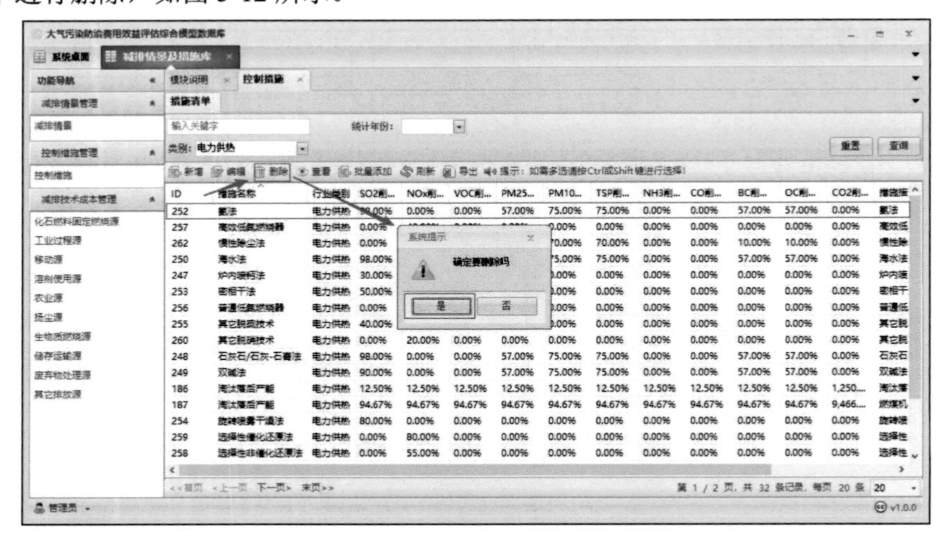

图 5-12　删除控制措施

点击“查看”选项卡，可以在弹出窗口中查看所选控制措施的各项参数详情（图 5-13）。

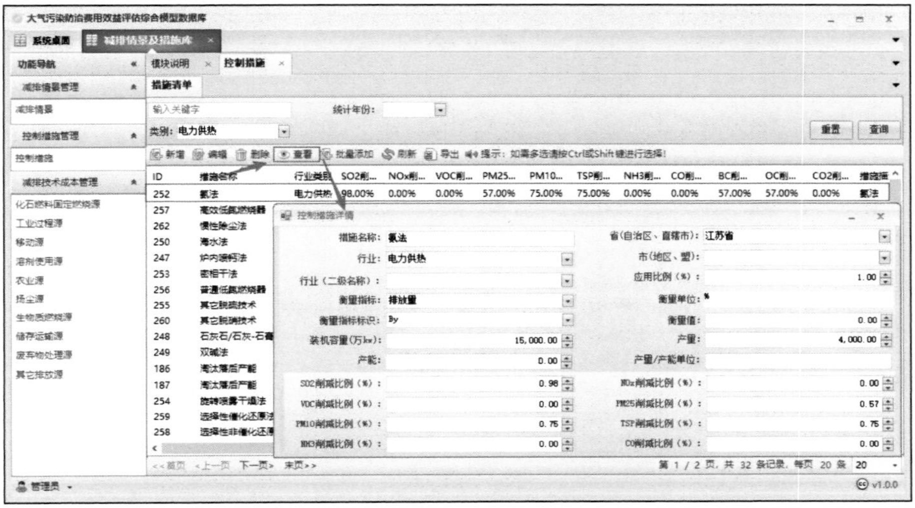

图 5-13　查看控制措施详情

点击“批量添加”选项卡，可选择表格文件快速批量导入数据，同时系统提供了导入文件的格式模板，点击“点击下载模板”即可下载查看（图 5-14）。

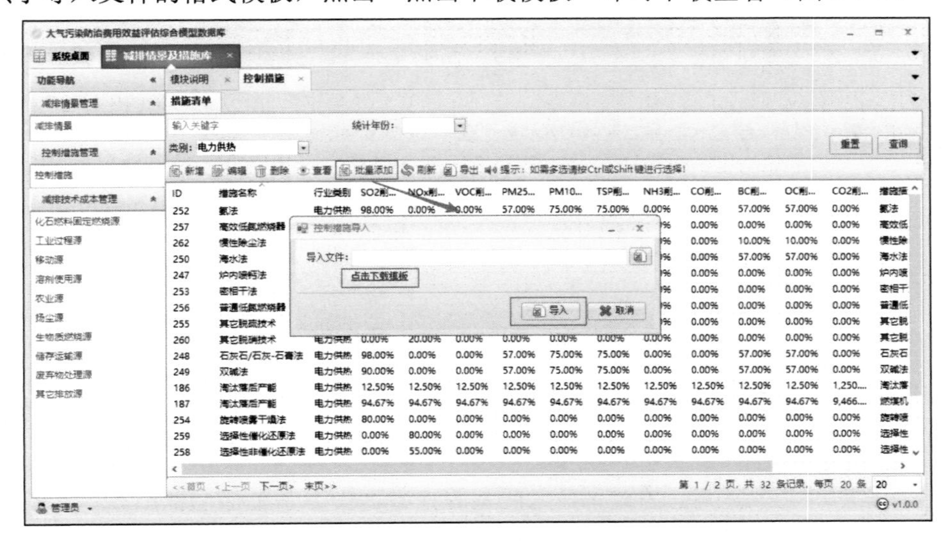

图 5-14　批量添加控制措施数据

用户可以通过点击“刷新”选项卡来刷新当前的控制措施数据。

最后可将修改后的不同部门控制措施清单导出至 Excel 表格（图 5-15、图 5-16）。

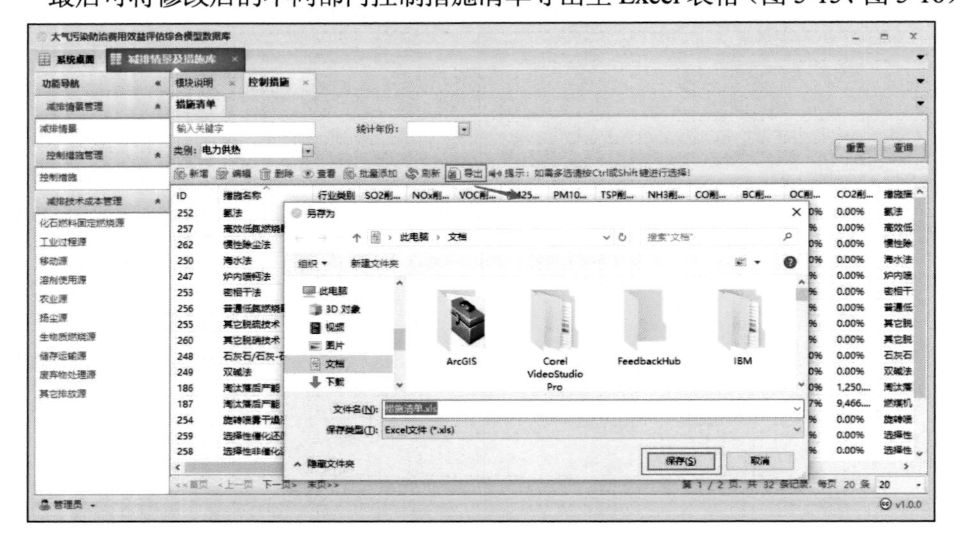

图 5-15　导出所选控制措施数据

	ID	措施名称	行业类别	SO2削减	NOx削减	VOC削减	PM25削减	PM10削减	TSP削减	NH3削减	CO削减率	BC削减率	OC削减率	CO2削减率	措施描述	装机容量	参考依据	备注
2	186	淘汰落后产	电力供热	12.50%	12.50%	12.50%	12.50%	12.50%	12.50%	12.50%	12.50%	12.50%	12.50%	1250.00%	淘汰落后火	15000		
3	187	淘汰落后产	电力供热	94.67%	94.67%	94.67%	94.67%	94.67%	94.67%	94.67%	94.67%	94.67%	94.67%	9466.67%	燃煤机组落	15000		
4	207	总量减排	电力供热	20.00%	40.00%	0.00%	15.00%	15.00%	15.00%	0.00%	0.00%	0.00%	0.00%	0.00%	到2020年,	15000		
5	246	烟气循环流	电力供热	85.00%	0.00%	0.00%	0.00%	0.00%	0.00%	0.00%	0.00%	0.00%	0.00%	0.00%	烟气循环流	15000	课题四项目进展汇报 20170515汇报（缺钢铁 散煤）	
6	247	炉内喷钙法	电力供热	30.00%	0.00%	0.00%	0.00%	0.00%	0.00%	0.00%	0.00%	0.00%	0.00%	0.00%	炉内喷钙法	15000	《火电厂炉内喷钙法烟气脱硫改造实践》 陈活虎	
7	248	石灰石/石	电力供热	98.00%	0.00%	0.00%	57.00%	75.00%	75.00%	0.00%	0.00%	57.00%	57.00%	0.00%	石灰石/石	15000	课题四项目进展汇报 20170515汇报（缺钢铁 散煤）	
8	249	双碱法	电力供热	90.00%	0.00%	0.00%	57.00%	75.00%	75.00%	0.00%	0.00%	57.00%	57.00%	0.00%	双碱法	15000	《双碱法烟气脱硫技术影响因素分析》 杨超	
9	250	海水法	电力供热	98.00%	0.00%	0.00%	57.00%	75.00%	75.00%	0.00%	0.00%	57.00%	57.00%	0.00%	海水法	15000	课题四项目进展汇报 20170515汇报（缺钢铁 散煤）	
10	251	氧化镁法	电力供热	80.00%	0.00%	0.00%	57.00%	75.00%	75.00%	0.00%	0.00%	57.00%	57.00%	0.00%	氧化镁法	15000		
11	252	氨法	电力供热	98.00%	0.00%	0.00%	57.00%	75.00%	75.00%	0.00%	0.00%	57.00%	57.00%	0.00%	氨法	15000	课题四项目进展汇报 20170515汇报（缺钢铁 散煤）	
12	253	密相干法	电力供热	50.00%	0.00%	0.00%	0.00%	0.00%	0.00%	0.00%	0.00%	0.00%	0.00%	0.00%	密相干法	15000		
13	254	旋转喷雾干	电力供热	80.00%	0.00%	0.00%	0.00%	0.00%	0.00%	0.00%	0.00%	0.00%	0.00%	0.00%	旋转喷雾干	15000	百度文库	
14	255	其它脱硫技	电力供热	40.00%	0.00%	0.00%	0.00%	0.00%	0.00%	0.00%	0.00%	0.00%	0.00%	0.00%	其它脱硫技	15000		
15	256	普通低氮燃	电力供热	0.00%	35.00%	0.00%	0.00%	0.00%	0.00%	0.00%	0.00%	0.00%	0.00%	0.00%	普通低氮燃	15000	课题四项目进展汇报 20170515汇报（缺钢铁 散煤）	
16	257	高效低氮燃	电力供热	0.00%	42.00%	0.00%	0.00%	0.00%	0.00%	0.00%	0.00%	0.00%	0.00%	0.00%	高效低氮燃	15000		
17	258	选择性非催	电力供热	0.00%	55.00%	0.00%	0.00%	0.00%	0.00%	0.00%	0.00%	0.00%	0.00%	0.00%	选择性非催	15000	课题四项目进展汇报 20170515汇报（缺钢铁 散煤）	
18	259	选择性催化	电力供热	0.00%	80.00%	0.00%	0.00%	0.00%	0.00%	0.00%	0.00%	0.00%	0.00%	0.00%	选择性催化	15000	课题四项目进展汇报 20170515汇报（缺钢铁 散煤）	
19	260	其它脱硝技	电力供热	0.00%	20.00%	0.00%	0.00%	0.00%	0.00%	0.00%	0.00%	0.00%	0.00%	0.00%	其它脱硝技	15000		
20	261	重力沉降法	电力供热	0.00%	0.00%	0.00%	10.00%	70.00%	70.00%	0.00%	0.00%	10.00%	10.00%	0.00%	重力沉降法	15000	南京市电力行业大气污染物排放清单建立及校验分析 李文青	

图 5-16　导出控制措施清单

5.3　减排技术成本管理

减排技术成本管理界面包含 10 个不同部门（化石燃料固定燃烧源、工业过程源、移动源、溶剂使用源、农业源、扬尘源、生物质燃烧源、储存运输源、废弃物处理源及其它排放源）的减排技术成本管理数据，单击部门名称可以在右侧查看相应数据，如图 5-17 所示。

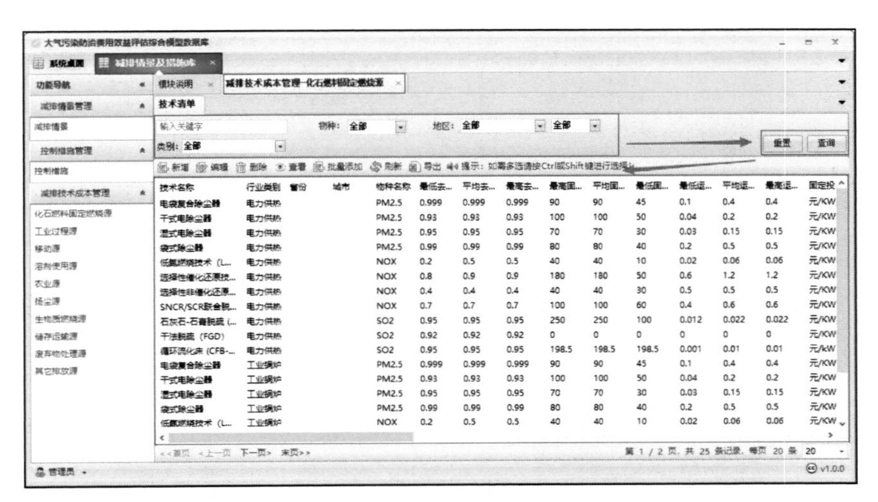

技术名称	行业类别	省份	城市	物种名称	最低去...	平均去...	最高去...	最高固...	平均固...	最低固...	最低运...	平均运...	最高运...	固定投
电袋复合除尘器	电力供热			PM2.5	0.999	0.999	0.999	90	90	45	0.1	0.4	0.4	元/KW
干式电除尘器	电力供热			PM2.5	0.93	0.93	0.93	100	100	50	0.04	0.2	0.2	元/KW
湿式电除尘器	电力供热			PM2.5	0.95	0.95	0.95	70	70	30	0.03	0.15	0.15	元/KW
袋式除尘器	电力供热			PM2.5	0.99	0.99	0.99	80	80	40	0.2	0.5	0.5	元/KW
低氮燃烧技术（L...	电力供热			NOX	0.2	0.5	0.5	40	40	10	0.02	0.06	0.06	元/KW
选择性催化还原技...	电力供热			NOX	0.8	0.9	0.9	180	180	50	0.6	1.2	1.2	元/KW
选择性非催化还原...	电力供热			NOX	0.4	0.4	0.4	40	40	30	0.5	0.5	0.5	元/KW
SNCR/SCR联合脱...	电力供热			NOX	0.7	0.7	0.7	100	100	60	0.4	0.6	0.6	元/KW
石灰石-石膏脱硫（...	电力供热			SO2	0.95	0.95	0.95	250	250	100	0.012	0.022	0.022	元/KW
干法脱硫（FGD）	电力供热			SO2	0.92	0.92	0.92	0	0	0	0	0	0	元/KW
循环流化床（CFB-...	电力供热			SO2	0.95	0.95	0.95	198.5	198.5	198.5	0.001	0.01	0.01	元/kW
电袋复合除尘器	工业锅炉			PM2.5	0.999	0.999	0.999	90	90	45	0.1	0.4	0.4	元/KW
干式电除尘器	工业锅炉			PM2.5	0.93	0.93	0.93	100	100	50	0.04	0.2	0.2	元/KW
湿式电除尘器	工业锅炉			PM2.5	0.95	0.95	0.95	70	70	30	0.03	0.15	0.15	元/KW
袋式除尘器	工业锅炉			PM2.5	0.99	0.99	0.99	80	80	40	0.2	0.5	0.5	元/KW
低氮燃烧技术（L...	工业锅炉			NOX	0.2	0.5	0.5	40	40	10	0.02	0.06	0.06	元/KW

图 5-17　减排技术成本管理数据展示界面

用户可以通过上方搜索框输入关键字、类别及地区、物种等信息快速筛选查询特定数据。

用户可以通过工具栏选项对数据进行相关操作。

单击“新增”选项卡，在弹出窗口中填写相关控制技术信息后点击“保存”即可在列表中添加新的控制技术数据（图 5-18）。

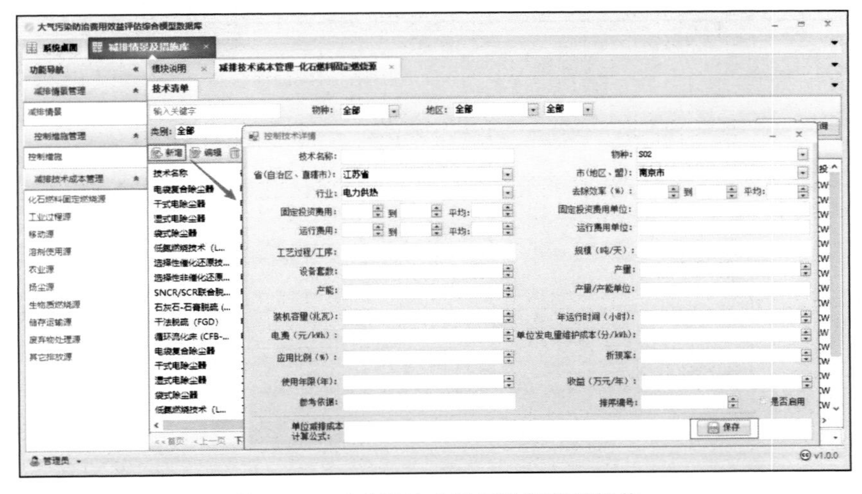

图 5-18　对减排技术数据进行新增操作

编辑控制措施时，选择点击需要编辑的技术措施，在弹出窗口中修改相关信息，点击“保存”即可编辑完成一个技术措施信息，如图 5-19 所示。

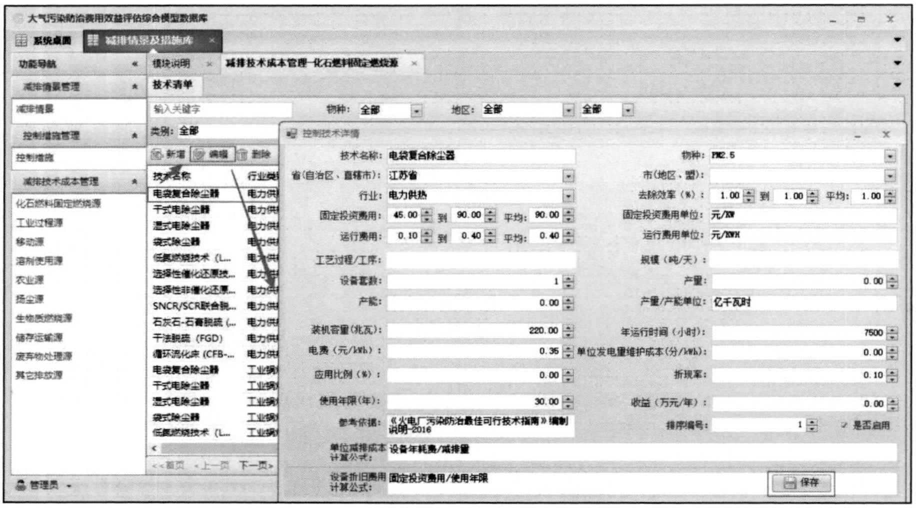

图 5-19 编辑控制技术详情

用户可根据自身的需要点击选择不需要的技术清单，然后点击“删除”选项卡进行删除，如图 5-20 所示。

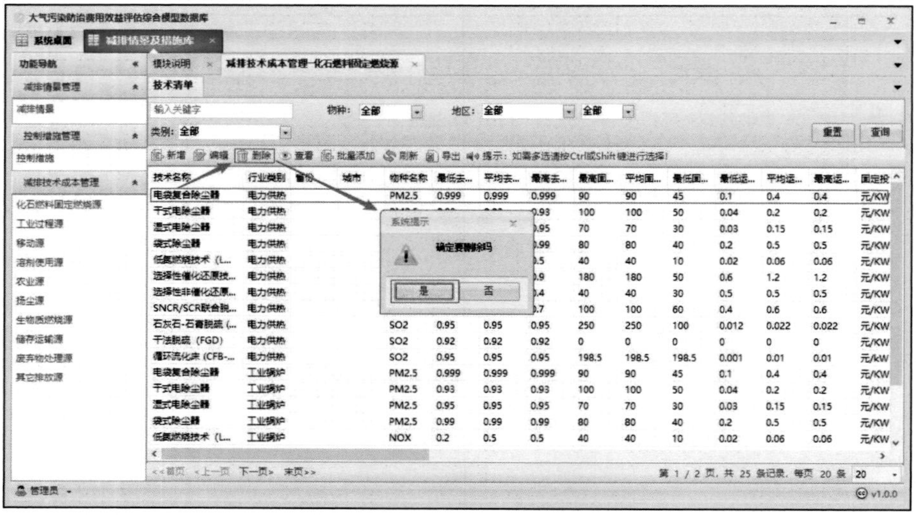

图 5-20 删除技术清单

点击“查看”选项卡，可以在弹出窗口中查看所选控制技术的各项参数详情（图 5-21）。

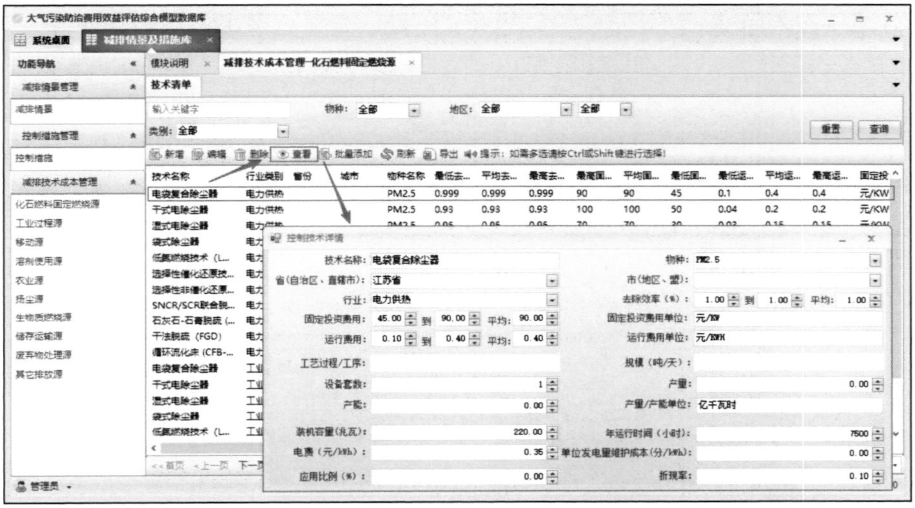

图 5-21　查看减排技术数据详情

点击“批量添加”选项卡，可选择表格文件快速批量导入数据，同时系统提供了导入文件的格式模板，点击“点击下载清单模板”即可下载查看（图 5-22）。

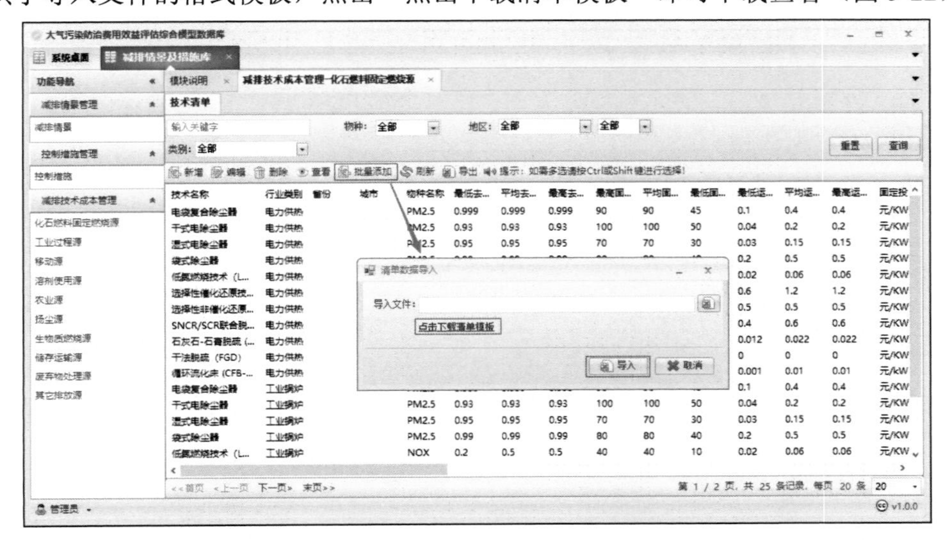

图 5-22　批量添加减排技术数据

用户可以通过点击“刷新”选项卡来刷新当前的技术清单数据。

最后可将修改后的数据导出，另存为 Excel 表格。

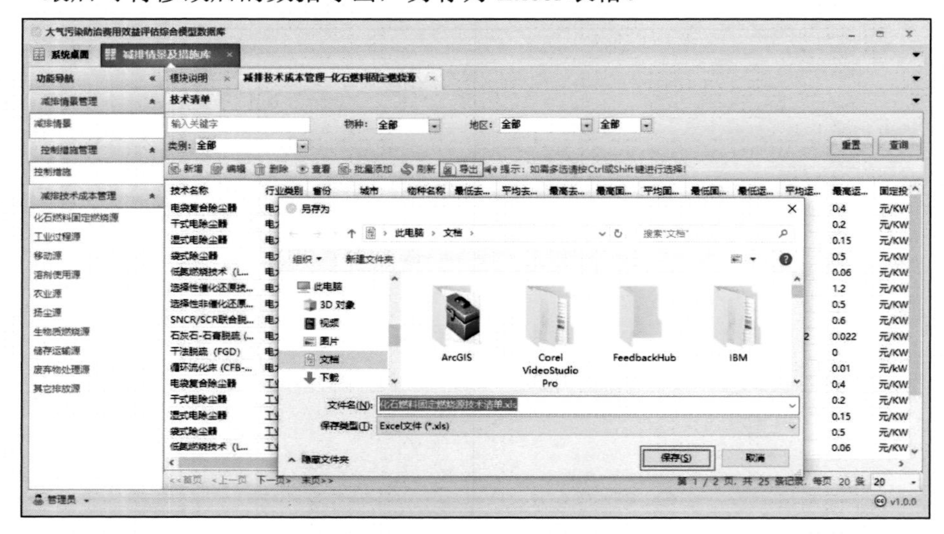

图 5-23 导出所选减排技术数据

	A	B	C	D	E	F	G	H	I	J	K	L	M	N	O	P	Q	R	S	T	U	V	W	X	Y	Z
1	ID	技术名称	行业类别	省份	城市	物种名称	最低去除	平均去除	最高去除	最高固定	平均固定	最低固定	最低运行	平均运行	最高运行	固定投资	运行费用	装机容量	年运行时	使用年限	维护成本	电费	收益（万	设备套数	折现率	产量
2	73	烟气脱硫	工业锅炉			SO2	0.95	0.95	0.95	250	250	100	0.012	0.022	0.022	元/KW	元/KWH	200	4500	30	0	0.458	0	1	0.1	0
3	64	循环流化床	电力供热			SO2	0.95	0.95	0.95	198.5	198.5	198.5	0.001	0.01	0.01	元/kW	元/kWh	200	4500	30	0	0.35	0	1	0.1	0
4	71	选择性非催	工业锅炉			NOX	0.4	0.4	0.4	40	40	30	0.5	0.5	0.5	元/KW	元/KWH	0	4500	30	0	0.35	0	1	0.1	0
5	60	选择性非催	电力供热			NOX	0.4	0.4	0.4	40	40	30	0.5	0.5	0.5	元/KW	元/KWH	25	4500	30	0	0.35	0	1	0.1	0
6	70	选择性催化	工业锅炉			NOX	0.8	0.9	0.9	180	180	50	0.6	1.2	1.2	元/kW	元/kWh	0	4500	30	0	0.35	0	1	0.1	0
7	59	选择性催化	电力供热			NOX	0.8	0.9	0.9	180	180	50	0.6	1.2	1.2	元/KW	元/KWH	20	4500	30	0	0.35	0	1	0.1	0
8	62	石灰石-石	电力供热			SO2	0.95	0.95	0.95	250	250	100	0.012	0.022	0.022	元/KW	元/KWH	200	4500	30	0	0.458	0	1	0.1	0
9	67	湿式电除尘	工业锅炉			PM2.5	0.95	0.95	0.95	70	70	30	0.03	0.15	0.15	元/KW	元/KWH	0	4500	30	0	0.35	0	1	0.1	0
10	56	湿式电除尘	电力供热			PM2.5	0.95	0.95	0.95	70	70	30	0.03	0.15	0.15	元/KW	元/KWH	200	4500	30	0	0.35	0	1	0.1	0
11	66	干式电除尘	工业锅炉			PM2.5	0.93	0.93	0.93	100	100	50	0.04	0.2	0.2	元/KW	元/KWH	0	4500	30	0	0.35	0	1	0.1	0
12	55	干式电除尘	电力供热			PM2.5	0.93	0.93	0.93	100	100	50	0.04	0.2	0.2	元/KW	元/KWH	200	4500	30	0	0.35	0	1	0.1	0
13	63	干法脱硫 ·	电力供热			SO2	0.92	0.92	0.92	0	0	0	0	0	0	元/KW	元/KWH	200	4500	30	0	0.35	0	1	0.1	0
14	65	电袋复合除	工业锅炉			PM2.5	0.999	0.999	0.999	90	90	45	0.1	0.4	0.4	元/KW	元/KWH	0	4500	30	0	0.35	0	1	0.1	0
15	54	电袋复合除	电力供热			PM2.5	0.999	0.999	0.999	90	90	45	0.1	0.4	0.4	元/KW	元/KWH	220	7500	30	0	0.35	0	1	0.1	0
16	69	低氮燃烧技	工业锅炉			NOX	0.2	0.5	0.5	40	40	10	0.02	0.06	0.06	元/KW	元/KWH	0	4500	30	0	0.35	0	1	0.1	0
17	58	低氮燃烧技	电力供热			NOX	0.2	0.5	0.5	40	40	10	0.02	0.06	0.06	元/KW	元/KWH	500	4500	30	0	0.35	0	1	0.1	0
18	68	袋式除尘器	工业锅炉			PM2.5	0.99	0.99	0.99	80	80	40	0.2	0.5	0.5	元/KW	元/KWH	0	4500	30	0	0.35	0	1	0.1	0
19	57	袋式除尘器	电力供热			PM2.5	0.99	0.99	0.99	80	80	40	0.2	0.5	0.5	元/KW	元/KWH	200	4500	30	0	0.35	0	1	0.1	0
20	72	SNCR/SCR	工业锅炉			NOX	0.7	0.7	0.7	100	100	60	0.4	0.6	0.6	元/KW	元/KWH	0	4500	30	0	0.35	0	1	0.1	0
21	61	SNCR/SCR	电力供热			NOX	0.7	0.7	0.7	100	100	60	0.4	0.6	0.6	元/KW	元/KWH	25	4500	30	0	0.35	0	1	0.1	0

图 5-24 导出减排技术清单

第 6 章　控制成本与潜力数据库

本章主要介绍控制成本与潜力数据库的使用。

单击费用效益评估综合模型基础数据库主页面中“控制成本与潜力数据库”按钮，进入该模块界面，该库的功能主要包括自定义情景减排潜力核算和情景库减排潜力核算，如图 6-1 所示。

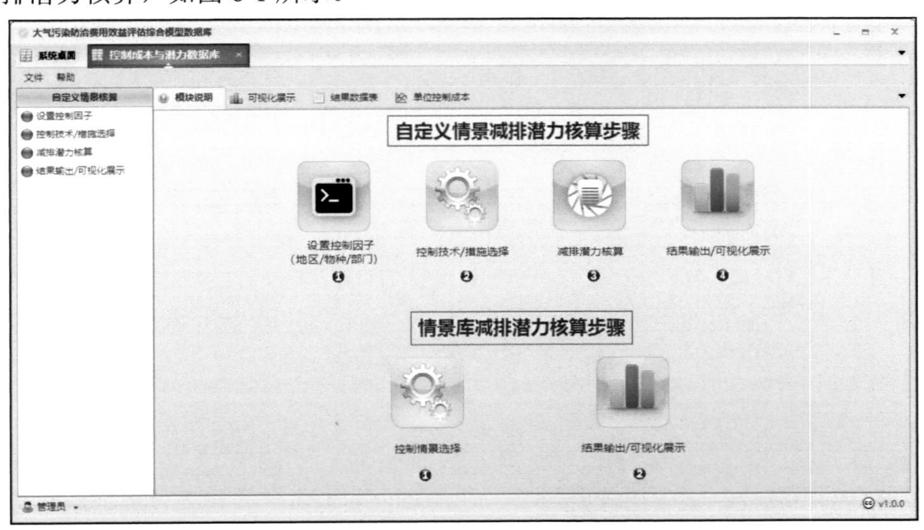

图 6-1　控制成本与潜力数据库界面

如图 6-1 所示，在窗口顶端有“文件”和 “帮助”两个选项。

“文件”选项下包括“新建”“打开”和“退出”3 个功能。

（1）单击“新建”按钮，可以创建一个新的项目；

（2）单击“打开”按钮，可以打开已有的项目；

（3）单击“退出”按钮，可以退出控制成本与潜力数据库。

自定义情景减排潜力核算过程如下。

单击主页面中“设置控制因子”按钮，进入该模块界面，如图 6-2 所示。

（1）在省份下拉框中选择所需的省份时，城市展示框即会显示对应省份包含的城市名，然后再点击勾选所需城市名；

（2）在物种展示框中点击勾选所需物种名；

（3）在部门展示框中点击勾选所需部门；

（4）以上操作完毕后，即会在已选择的控制因子中显示所选的信息。

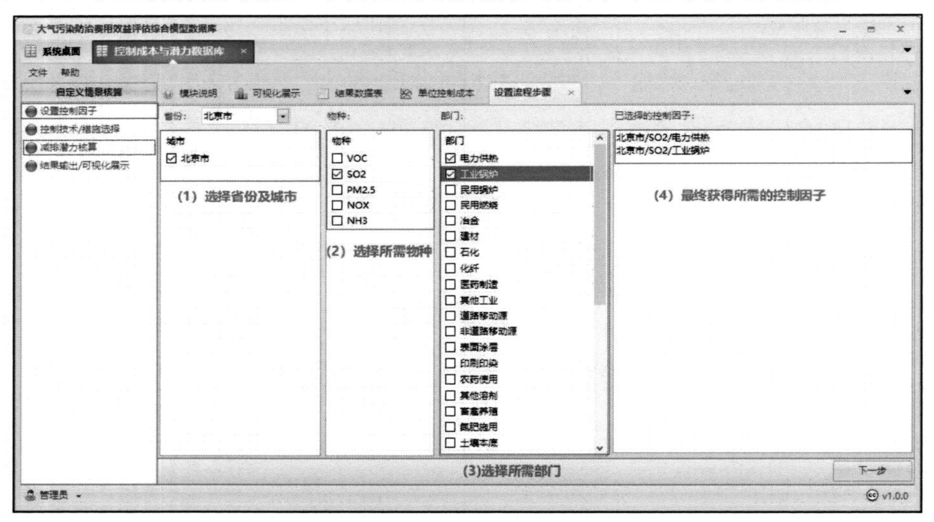

图 6-2　设置控制因子界面

设置控制因子完成后点击“下一步”按钮，进入“控制技术/措施选择”界面，此时可看到设置控制因子选项前的信号灯由灰色变为黄色，代表设置控制因子完毕并准备运行，如图 6-3 所示。

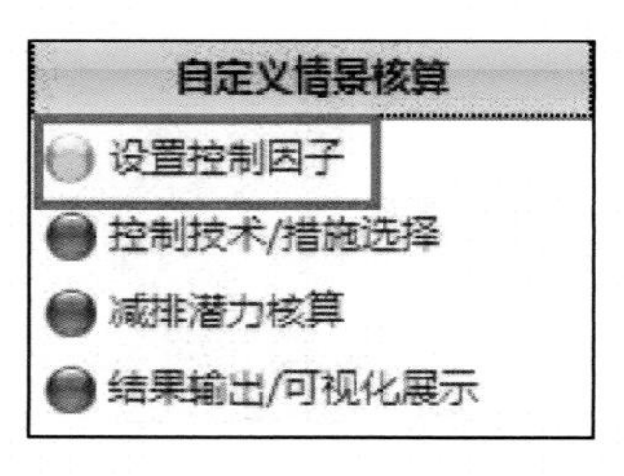

图 6-3　设置控制因子完毕

在“控制技术/措施选择”界面，用户可以通过输入关键字筛选所需减排措施。

用户也可以通过直接拖拽所需减排措施或通过“添加选择项”完成减排措施或技术的选择，如图 6-4 所示。

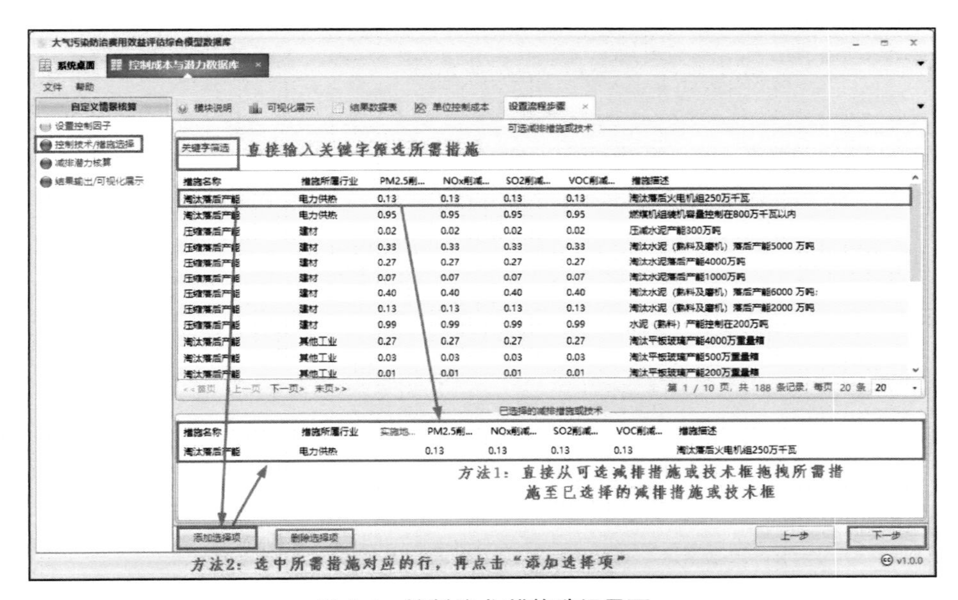

图 6-4　控制技术/措施选择界面

控制技术/措施选择完成后点击“下一步”按钮，进入“减排潜力核算”界面，此时可看到控制技术/措施选择选项前的信号灯由灰色变为黄色，代表控制技术/措施选择完毕并准备运行，如图 6-5 所示。

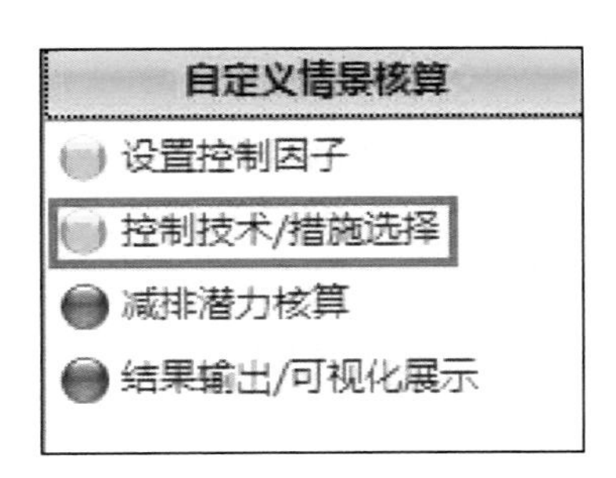

图 6-5　控制技术/措施选择完毕

在“减排潜力核算”界面，总体显示了此前所有操作所选减排措施或技术对应的去除率。

点击“保存并运行”，系统开始进行减排潜力核算，如图 6-6 所示。

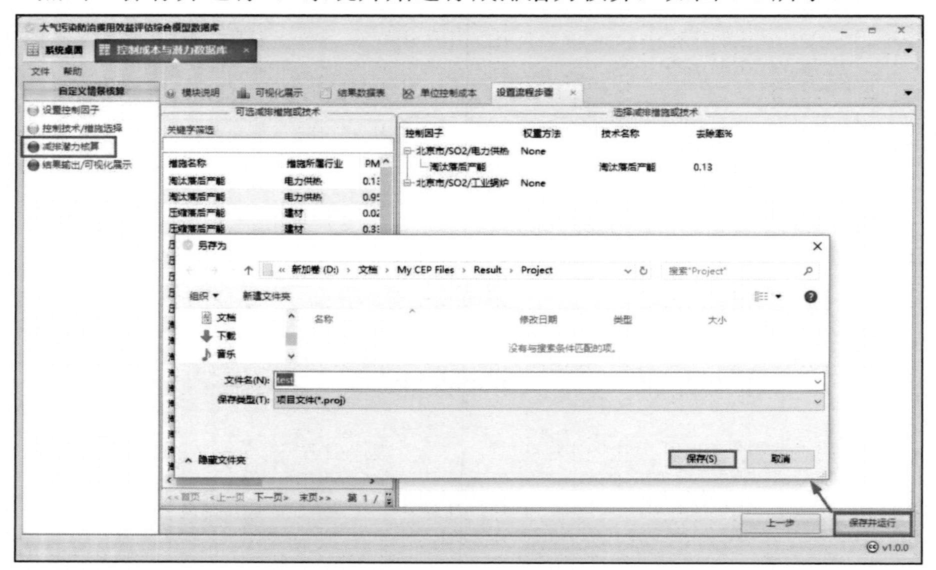

图 6-6　减排潜力核算界面

系统运算完毕后，可看到 4 个输入选项前的信号灯均变为绿色，此时可查看运行结果。

运行结果以 3 种形式展示，分别为可视化展示、结果数据表及单位控制成本。

在可视化展示界面，用户可以选择所需城市、物种及部门，再点击“应用”，即可以累积柱状图的形式将各污染物的基准以及控制排放量结果展示出来，如图 6-7 所示。

在结果数据表界面，用户通过先输入关键字、选择地区及行业，再点击“查询”，即可以具体数据表的形式将基准年排放量、减排后排放量、减排量以及削减幅度等结果展示出来，如图 6-8 所示。

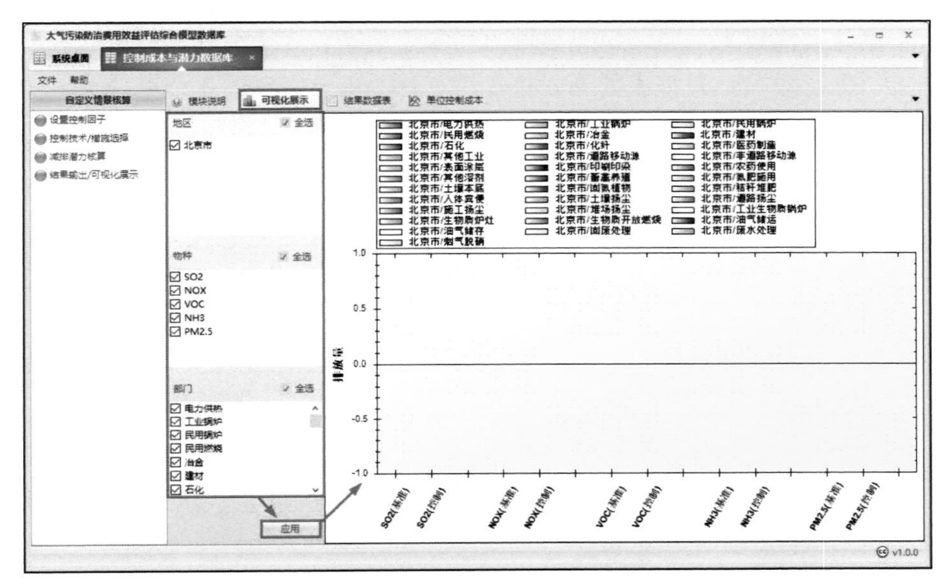

图 6-7　可视化展示结果

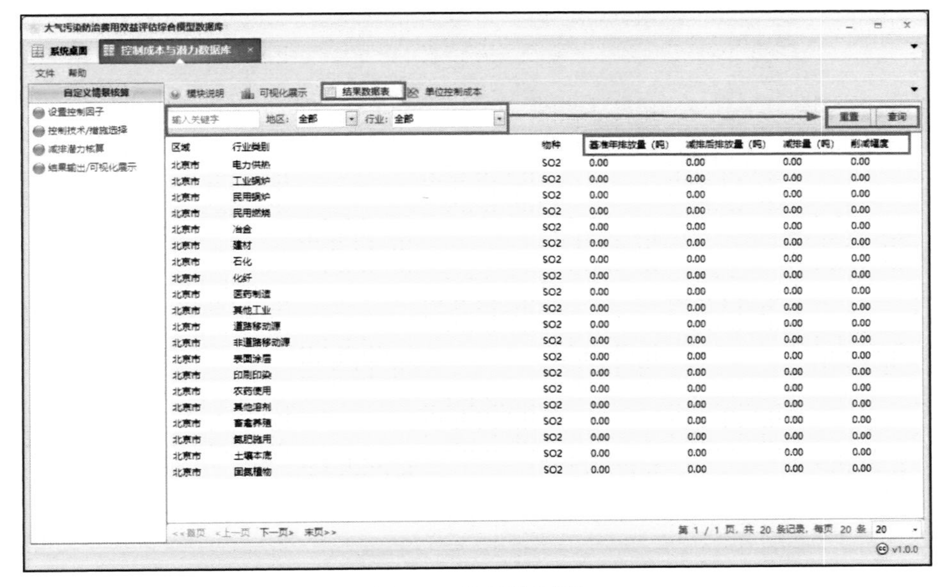

区域	行业类别	物种	基准年排放量（吨）	减排后排放量（吨）	减排量（吨）	削减幅度
北京市	电力供热	SO2	0.00	0.00	0.00	0.00
北京市	工业锅炉	SO2	0.00	0.00	0.00	0.00
北京市	民用锅炉	SO2	0.00	0.00	0.00	0.00
北京市	民用燃烧	SO2	0.00	0.00	0.00	0.00
北京市	冶金	SO2	0.00	0.00	0.00	0.00
北京市	建材	SO2	0.00	0.00	0.00	0.00
北京市	石化	SO2	0.00	0.00	0.00	0.00
北京市	化纤	SO2	0.00	0.00	0.00	0.00
北京市	医药制造	SO2	0.00	0.00	0.00	0.00
北京市	其他工业	SO2	0.00	0.00	0.00	0.00
北京市	道路移动源	SO2	0.00	0.00	0.00	0.00
北京市	非道路移动源	SO2	0.00	0.00	0.00	0.00
北京市	表面涂层	SO2	0.00	0.00	0.00	0.00
北京市	印刷印染	SO2	0.00	0.00	0.00	0.00
北京市	农药使用	SO2	0.00	0.00	0.00	0.00
北京市	其他溶剂	SO2	0.00	0.00	0.00	0.00
北京市	畜禽养殖	SO2	0.00	0.00	0.00	0.00
北京市	氮肥施用	SO2	0.00	0.00	0.00	0.00
北京市	土壤本底	SO2	0.00	0.00	0.00	0.00
北京市	固氮植物	SO2	0.00	0.00	0.00	0.00

图 6-8　结果数据表

在单位控制成本界面，用户通过先输入关键字、选择地区及行业，再点击“查询”，即可以具体数据表的形式将各污染物的单位控制成本结果展示出来，如图 6-9 所示。

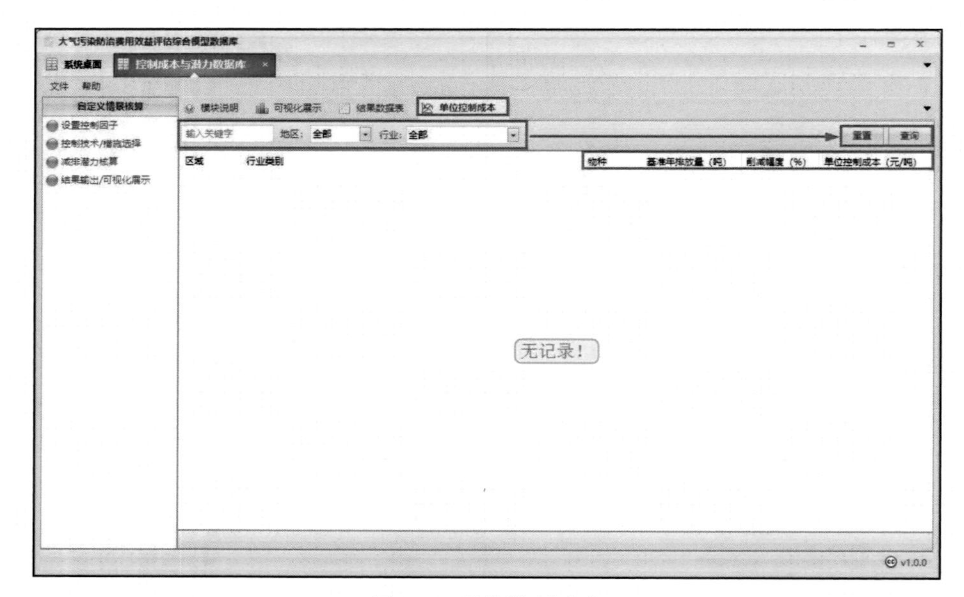

图 6-9 单位控制成本

第 7 章　健康效益数据库

健康效益数据库中可以存在多个数据库配置（如图 7-1 中红框所示），用户可以根据实际情况选择基于不同的配置进行评估分析，也可以自定义一个新的数据配置进行分析。每一个数据库配置包括 12 种类型的数据信息，即“网格定义”“污染物”“监测数据”“发病率/患病率数据”“人口数据”“健康影响函数”“变量数据集”“通胀数据”“价值评估函数”“居民收入增长调整系数”“农作物数据”“生态影响评估函数”。

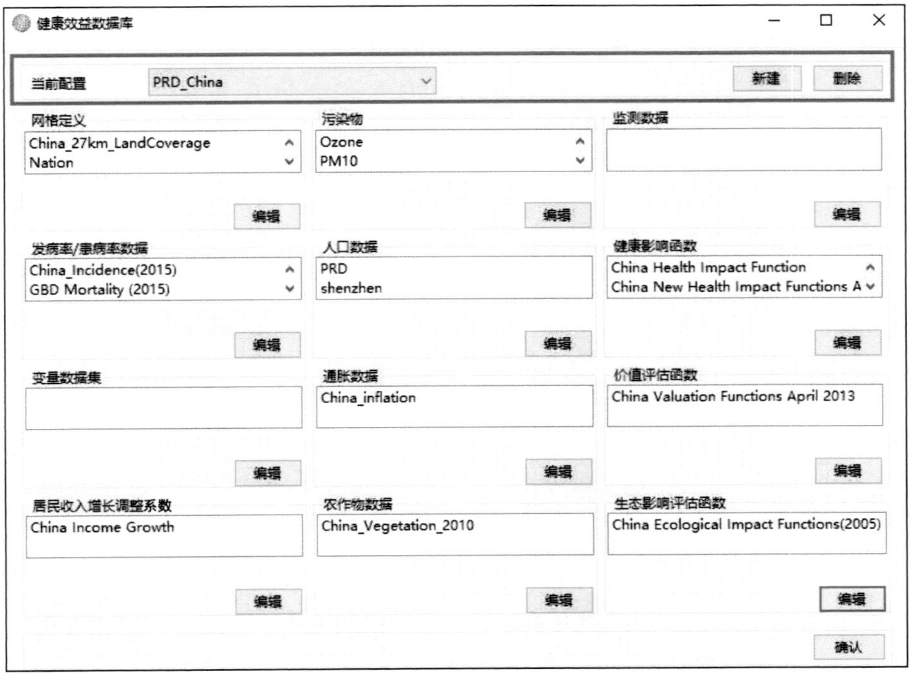

图 7-1　健康效益数据库界面

通过健康效益数据库来管理这些数据的好处在于，方便用户进行管理。用户能快速地查看、导入或导出数据。

7.1 新建、修改或删除数据库

新建配置：点击“新建”按钮将会弹出如图 7-2 所示的窗口。输入新数据库配置的名称并点击确认后，即创建了新的数据库配置。接下来用户需要定义该配置下的具体数据内容。表 7-1 简要列出了 10 种不同类型的数据的用途及其必要性。

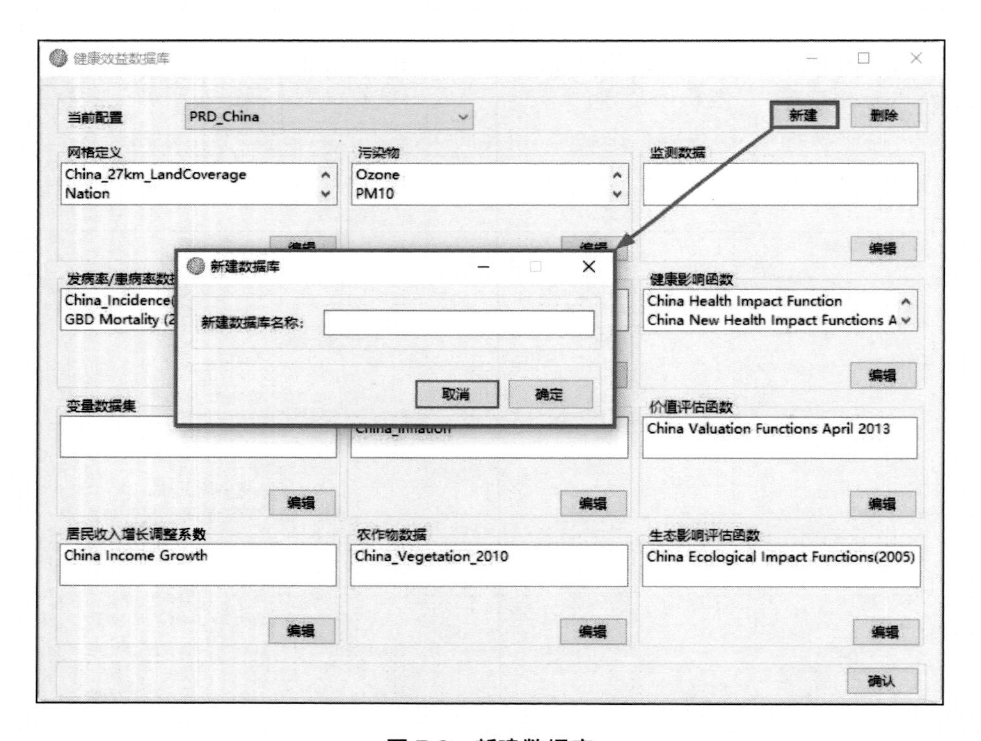

图 7-2 新建数据库

表 7-1　数据库配置

数据类型	用于评估环境健康影响	用于环境效益评估
网格定义	√	√
污染物	√	√
监测数据	√	√
发病率/患病率数据	√	√
人口数据	√	√
健康影响函数	√	√
变量数据集		
通胀数据		√
价值评估函数		√
居民收入增长调整系数		√

部分数据的存储是有先后顺序的。例如，网格定义和污染物必须是最先定义的。定义了网格后才可以输入发病率/患病率数据、人口数据、变量数据等，而定义了污染物后才可以输入监测数据或模型数据和健康影响函数。

修改配置：在任意一个“数据库配置”中，10 种不同数据类型下都有各自的编辑按钮，用户点击该按钮即可对该类型的数据进行修改。第 8 章将详细介绍如何新建、修改每个类型的数据。

删除配置：点击“删除”按钮即可删除当前的数据库配置。

7.2　网格定义

点击网格定义下的“编辑”按钮可进入网格定义界面（图 7-3）。网格定义是环境效益评估最基础的一步，空气质量监测数据、空气质量模型数据、人口数据、区域划分信息等都是基于特定的地图网格而存储的。如图 7-3 所示，该模块允许用户新建、编辑或删除网格定义文件。用户可以通过导入包含网格信息的 Shapefile 文件直接定义网格（Shapefile Grid），也可以通过自定义行数、列数及网格宽度的方法定义网格（Regular Grid）。当定义网格后，用户需要选择一种 GIS 投影方式，投影方式的选择将会影响所有涉及距离、面积计算的评估结果。

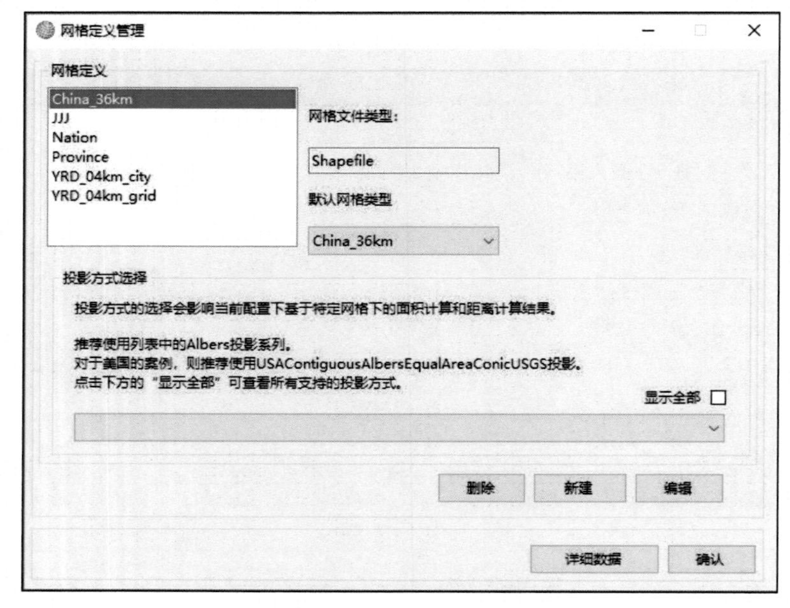

图 7-3　网格定义界面

点击“新建”按钮将弹出如图 7-4 的界面，根据不同的类型，用户可以选择定义 Regular Grid 或 Shapefile Grid。

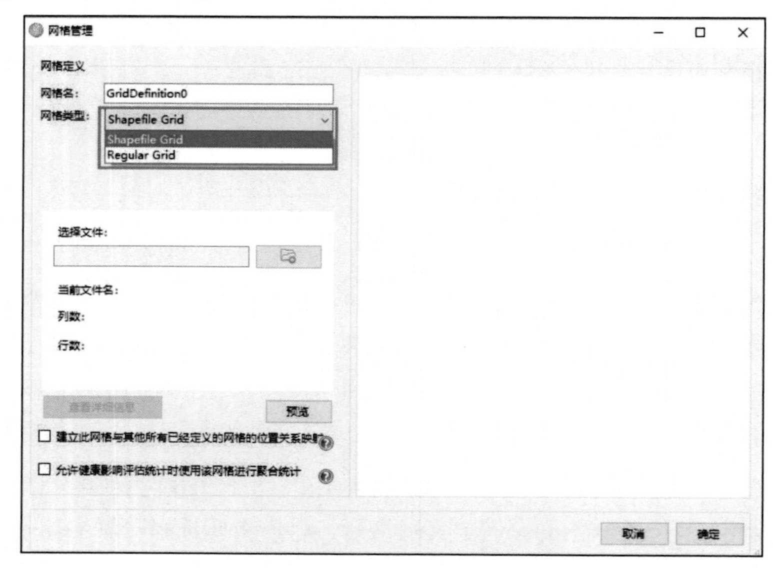

图 7-4　新建网格界面

7.2.1 Regular Grid

这种网格通过定义左下角坐标（一般使用经纬度）、行数、列数、行宽和列宽而实现。如图 7-5 所示，当以上参数设定完成后，可点击“预览”查看所定义的网格，然后点击“确定”即新建完成。

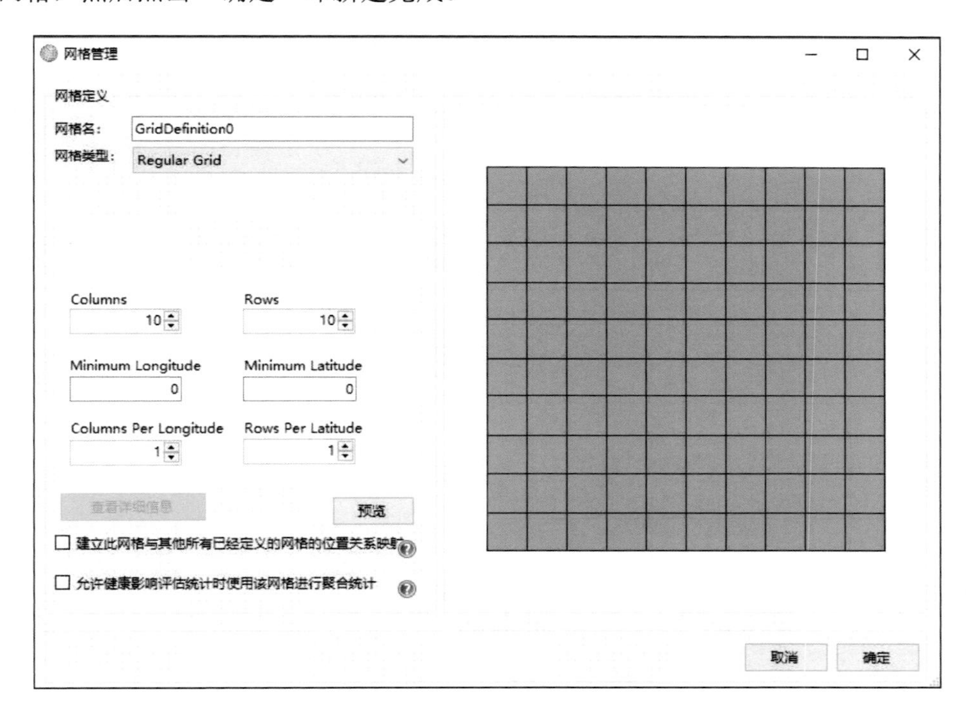

图 7-5 创建 Regular Grid

注意，当进行健康影响评估或效益评估时，由于需要使用许多基于不同网格存储的数据（如监测数据、人口数据、发病率/患病率数据等），有必要建立不同网格定义之间的地理位置映射关系，这个映射关系在每两个网格定义之间都需要通过计算而建立，而且只需计算一次。因此，用户可以在每次新定义网格后就预先计算与其他网格的映射以节省健康评估及效益评估所耗费的时间。如果需要这么做，只需勾选“建立此网格与其他所有已经定义的网格的位置关系映射”后再点击“确定”即可。

7.2.2 Shapefile Grid

Shapefile Grid 的网格类型是通过使用 ESRI 公司的 Shapefile 格式文件进行定义的，这种类型的网格定义可以不是标准的“渔网格”。如图 7-6 所示，直接点击按钮后，选择相应的 Shapefile 文件，再点击“确定”即可完成网格的定义。

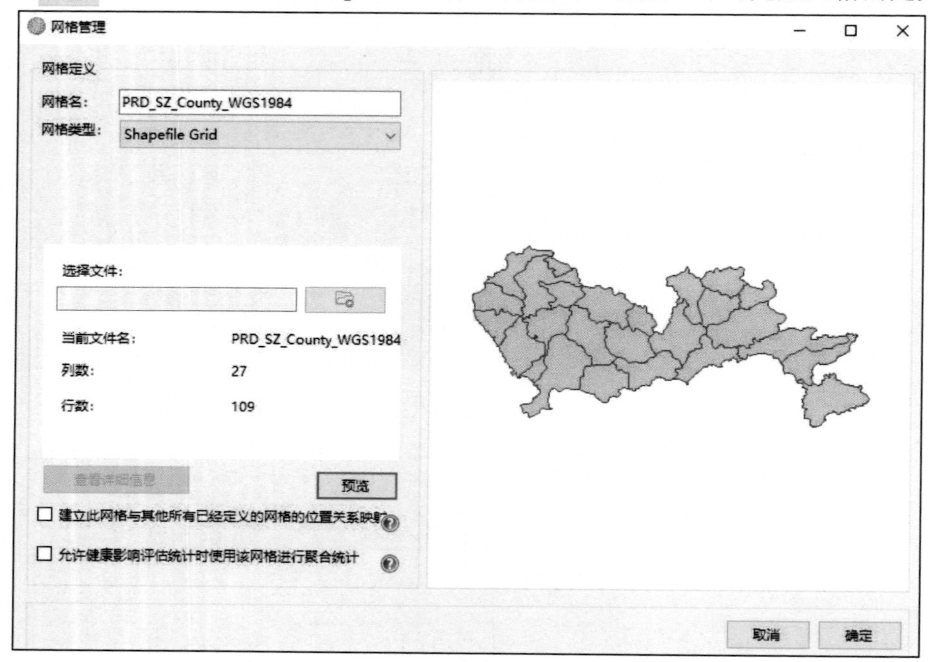

图 7-6 创建 Shapefile Grid

7.3 污染物管理

点击污染物管理下的“编辑”按钮，可进入污染物管理的界面（图 7-7）。该模块是定义待分析的污染物类型及其度量指标。效益评估系统已经预定义了常见的空气污染物（如 $PM_{2.5}$、O_3 等）。用户也可以自行定义新的污染物以供分析。定义污染物时用户需要注意一个重要的概念——度量指标（Metric）。在效益评估系统中，度量指标描述了污染物浓度数值的统计方法。例如，O_3 常用 D8HourMax

这个度量来表示 O_3 的日最大的 8 h 滑动平均值。在该污染物定义模块中，用户可以自行使用不同的名字定义不同的度量指标。污染物定义时，至少需要定义一种度量指标，但也可以同时定义多种度量指标。

图 7-7　污染物管理界面

7.4　监测数据

点击监测数据下的“编辑”按钮，可进入监测数据管理的界面（图 7-8）。该模块允许用户添加、删除或编辑污染物的监测数据。监测数据可用于评估特定网格下的空气质量水平。在效益评估系统中，用户可使用特定的插值方法（如 VNA、eVNA 等）将基于点位的监测数据插值到基于面的网格上，从而产生连续的特定区域的浓度分布结果。

用户需要新加监测数据时，点击“添加”按钮会弹出窗口（图 7-9），随后用户需要输入数据集的名称，选择污染物种和指定时间，再点击从文件加载数据以选择监测数据文件，最后点击“确定”即可。

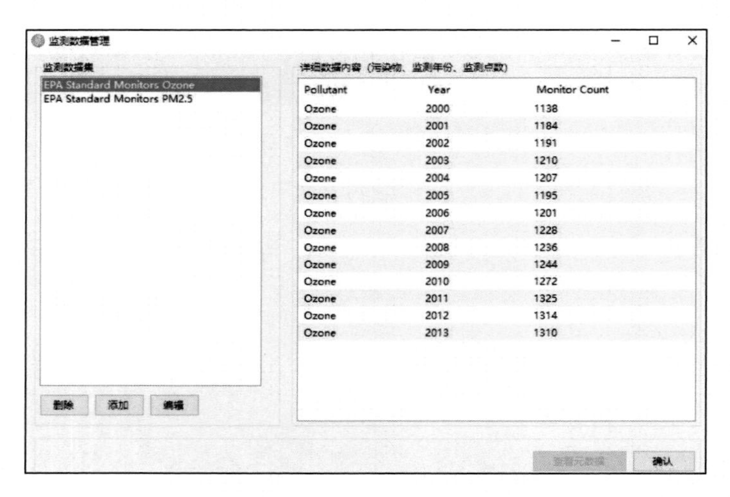

图 7-8　监测数据管理界面

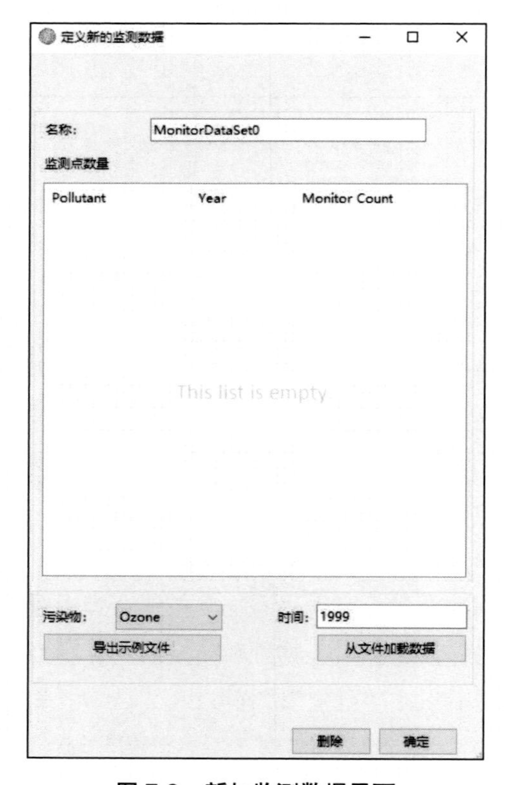

图 7-9　新加监测数据界面

需要注意的是，所选择的数据文件必须符合特定的格式要求。效益评估系统能读取以 CSV 格式存储的监测数据文件，该文件的表头如表 7-2 所示，图 7-10 所示为用 Excel 打开的一个示例文件。

表 7-2　监测数据文件列名

列名	类型	不能为空
Monitor Name	Text	是
Description	Text	否
Longitude	Numeric	是
Latitude	Numeric	是
Metric	Text	否
Seasonal Metric	Text	否
Statistic	Text	否
Values	Text	是

Monitor Name	Monitor Description	Latitude	Longitude	Metric	Seasonal Metric	Statistic	Values
260050003881011	'RESIDENTIAL, SUBURBAN'	42.7678	-86.1486	D24HourMean	QuarterlyMean	Mean	11.67
260170014881011	'RESIDENTIAL, URBAN AND CENTER CITY'	43.5714	-83.8907	D24HourMean	QuarterlyMean	Mean	11.62
260210014881011	'COMMERCIAL, RURAL'	42.1978	-86.3097	D24HourMean	QuarterlyMean	Mean	11.58
260490021881011	'RESIDENTIAL, URBAN AND CENTER CITY'	43.0472	-83.6702	D24HourMean	QuarterlyMean	Mean	11.56
260650012881011	'RESIDENTIAL, URBAN AND CENTER CITY'	42.7386	-84.5346	D24HourMean	QuarterlyMean	Mean	11.49
260770008881011	'COMMERCIAL, URBAN AND CENTER CITY'	42.2781	-85.5419	D24HourMean	QuarterlyMean	Mean	11.44
260810007881011	'INDUSTRIAL, URBAN AND CENTER CITY'	42.9561	-85.6791	D24HourMean	QuarterlyMean	Mean	11.4
260810020881011	'INDUSTRIAL, URBAN AND CENTER CITY'	42.9842	-85.6713	D24HourMean	QuarterlyMean	Mean	11.36
260990009881011	'COMMERCIAL, SUBURBAN'	42.7314	-82.7935	D24HourMean	QuarterlyMean	Mean	11.43
261010922881011	'RESIDENTIAL, URBAN AND CENTER CITY'	44.3070	-86.2426	D24HourMean	QuarterlyMean		11.43,11.07,10.98,10.90
261130001881011	'FOREST, RURAL'	44.3106	-84.8919	D24HourMean	QuarterlyMean		11.44,14.23,11.20,9.30
261150005881011	'AGRICULTURAL, RURAL'	41.7639	-83.4719	D24HourMean	QuarterlyMean		11.39,13.71,10.04,11.24
261210040881011	'COMMERCIAL, URBAN AND CENTER CITY'	43.2331	-86.2386	D24HourMean	QuarterlyMean		11.28,9.23,15.03,11.10
261250001881011	'RESIDENTIAL, SUBURBAN'	42.4631	-83.1832	D24HourMean	QuarterlyMean		11.27,11.12,13.15,12.03
261390005881011	'RESIDENTIAL, SUBURBAN'	42.8945	-85.8527	D24HourMean	QuarterlyMean		11.27,10.05,10.9,12.13
261470005881011	'RESIDENTIAL, SUBURBAN'	42.9533	-82.4562	D24HourMean	QuarterlyMean		11.26,12.13,15.00,10.01
261610008881011	'COMMERCIAL, URBAN AND CENTER CITY'	42.2406	-83.5996	D24HourMean	QuarterlyMean		11.24,14.05,11.03,10.10
261630001881011	'COMMERCIAL, SUBURBAN'	42.2286	-83.2082	D24HourMean	QuarterlyMean		11.23,9.23,13.04,10.09
261630015881011	'COMMERCIAL, URBAN AND CENTER CITY'	42.3028	-83.1065	D24HourMean	QuarterlyMean		11.23,11.24,10.45,10.04
261630016881011	'RESIDENTIAL, URBAN AND CENTER CITY'	42.3578	-83.0960	D24HourMean	QuarterlyMean		11.2,10.73,11.23,10.45
261630019881011	'RESIDENTIAL, SUBURBAN'	42.4308	-83.0001	D24HourMean			.,.,13.01,.,.,17.19,.,.,3.89,.,.,13.86,.,.,5.9
261630025881011	'COMMERCIAL, SUBURBAN'	42.4231	-83.4263	D24HourMean			.,.,13.48,.,.,8.73,.,.,6.079,.,.,14.534,.,.,3.
261630033881011	'INDUSTRIAL, SUBURBAN'	42.3067	-83.1488	D24HourMean			.,.,15.675,.,.,12.72,.,.,6.46,.,.,16.24,.,.,6.
261630036881011	'COMMERCIAL, SUBURBAN'	42.1873	-83.1539	D24HourMean			.,.,16.52,.,.,15.01,.,.,5.41,.,.,15.39,.,.,5.0
261630038881011	'RESIDENTIAL, URBAN AND CENTER CITY'	42.3350	-83.1096	D24HourMean			.,.,20.52,.,.,21.85,.,.,5.88,.,.,19.28,.,.,5.1
261630039881011	'RESIDENTIAL, URBAN AND CENTER CITY'	42.3233	-83.0685	D24HourMean			.,.,20.14,.,.,7.59,.,.,8.17,.,.,13.11,.,.,7.59

图 7-10　监测数据示例文件格式

7.5 发病率/患病率数据

效益评估系统所使用的大多数健康影响函数是评估空气中污染物浓度变化带来的健康影响变化的百分比。当需要使用这些函数进行量化评估（如疾病案例数减少量）时，需要用到基准情景下的疾病发生率（发病率）和人群患病率（患病率）数据。发病率是指在特定人口数下，单位时间内每位病人疾病发作的案例数；患病率是指在人群中患有特定疾病的病人数的百分比。例如（非真实数值）：发病率——每个哮喘病人每年的疾病发作数是 25 例；患病率——哮喘病人占总人口的 6%。

点击发病率/患病率数据下的“编辑”按钮，可进入发病率/患病率数据管理的界面（图 7-11）。

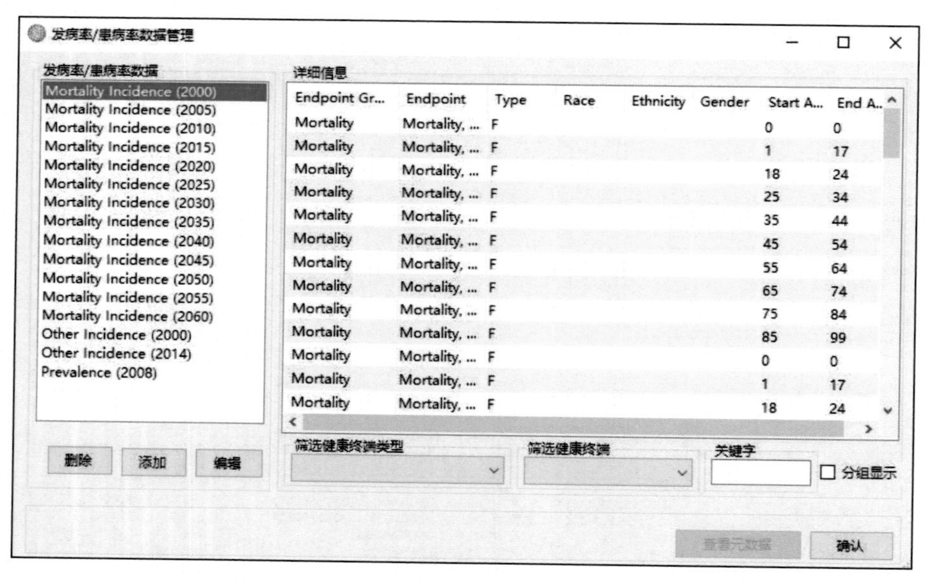

图 7-11　发病率/患病率数据管理

用户需要新加发病率/患病率数据时，点击“添加”按钮会弹出窗口（图 7-12），随后用户需要输入数据集的名称，选择指定网格定义，再点击“从文件加载”以选择发病率/患病率数据文件，最后点击“确定”即可。

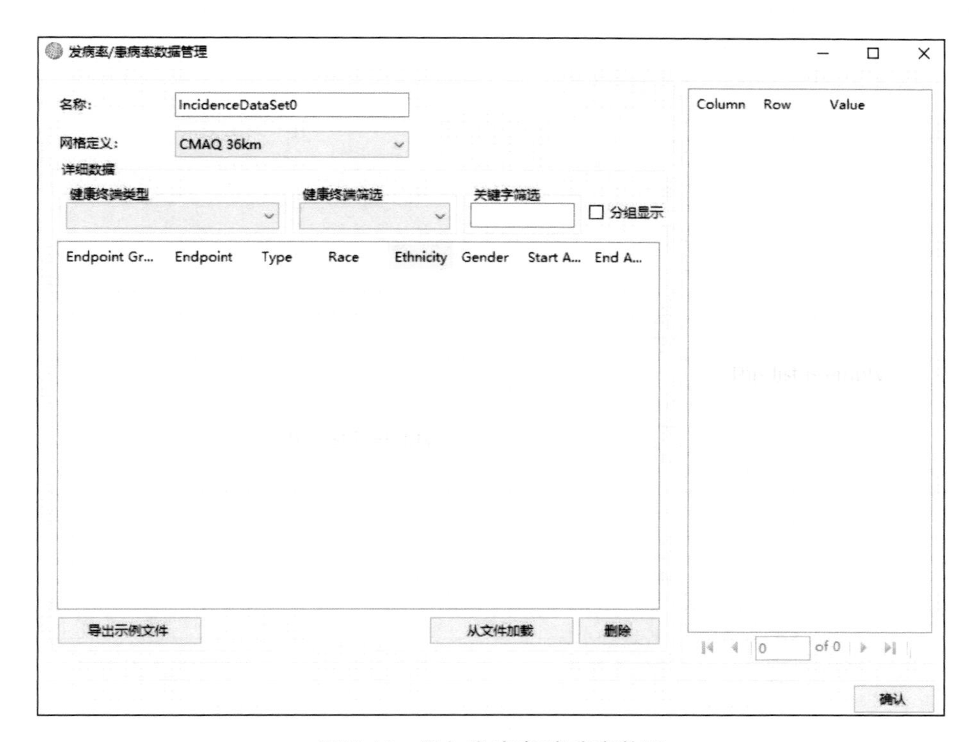

图 7-12　添加发病率/患病率数据

发病率/患病率数据文件必须符合特定的格式要求。效益评估系统能读取 CSV 格式的文件，该文件的表头如表 7-3 所示，图 7-13 所示为用 Excel 打开的一个示例文件。

表 7-3　发病率/患病率数据文件表头说明

列名	类型	不能为空	说明
Endpoint Group	Text	是	健康终端类型
Endpoint	Text	是	健康终端
Race	Text	否	当为空时表示不区分 Race
Ethnicity	Text	否	当为空时表示不区分 Ethnicity
Gender	Text	否	当为空时表示不区分 Gender

列名	类型	不能为空	说明
Start Age	Integer	是	
End Age	Integer	是	
Column	Integer	是	与网格定义里面的 Column、Row 对应
Row	Integer	是	
Value	Numeric	是	
Type	Text	否	当表示患病率时，则这一栏要设置为“Prevalence”，而表示发病率时可以不做设置或填入“Incidence”

Endpoint Group	Endpoint	Year	Race	Gender	Ethnicity	Start Age	End Age	Column	Row	Type	Value
Hospital Admissions, Respiratory	HA, Asthma	2002				0	99	1	2	Incidence	2.62E-06
Hospital Admissions, Respiratory	HA, Asthma	2002				0	99	1	3	Incidence	7.73E-06
Hospital Admissions, Respiratory	HA, Asthma	2002				0	99	1	4	Incidence	1.68E-06
Hospital Admissions, Respiratory	HA, Asthma	2002				0	99	1	5	Incidence	5.45E-06
Hospital Admissions, Respiratory	HA, Asthma	2002				0	99	1	6	Incidence	1.02E-06
Hospital Admissions, Respiratory	HA, Asthma	2002				0	99	1	7	Incidence	2.72E-06
Hospital Admissions, Respiratory	HA, Asthma	2002				0	99	1	8	Incidence	5.05E-06
Hospital Admissions, Respiratory	HA, Asthma	2002				0	99	1	9	Incidence	3.03E-06
Hospital Admissions, Respiratory	HA, Asthma	2002				0	99	1	10	Incidence	5.89E-06
Hospital Admissions, Respiratory	HA, Asthma	2002				0	99	1	11	Incidence	3.11E-06
Hospital Admissions, Respiratory	HA, Asthma	2002				0	99	1	12	Incidence	3.30E-06

图 7-13 发病率/患病率数据示例文件格式

7.6 人口数据

在空气环境变化下的人口暴露数据信息是进行健康影响评估最基础的数据支持。效益评估系统的数据库需要收集相关的人口数据，用户需要准备特定年份下待分析区域的人口数量及人口组成。人口组成可以（非必要）从以下几方面细分：种族、民族、性别和年龄。

点击人口数据集下的“编辑”按钮，可进入人口数据管理的界面（图 7-14）。

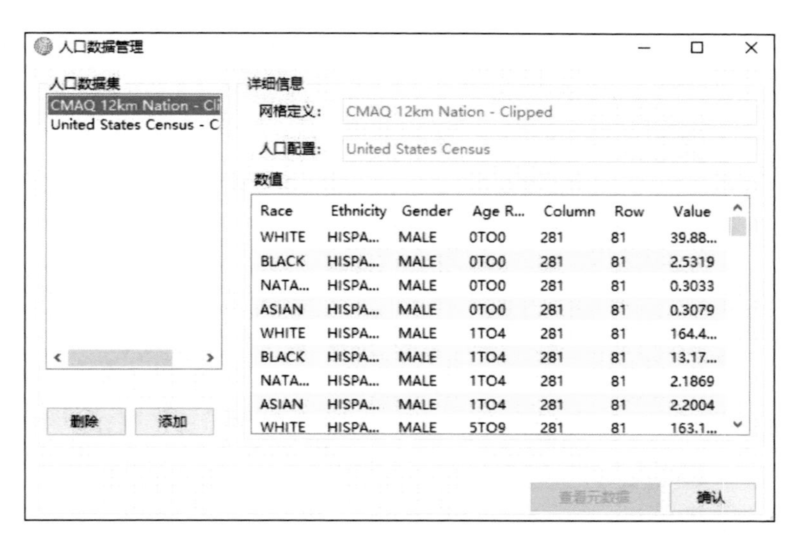

图 7-14　人口数据管理

用户需要新加人口数据时，点击“添加”按钮会弹出如图 7-15 所示窗口。

图 7-15　加载人口数据

网格定义中用户需要选择与待加载的人口数据匹配的网格（这个网格需要在之前定义，见 7.2 节）。

人口配置用来定义待加载的人口数据的人口组成结构（种族、民族、性别、年龄等），用户可以添加一个新的配置，然后选择该配置。点击“添加”会弹出如图 7-16 所示窗口。

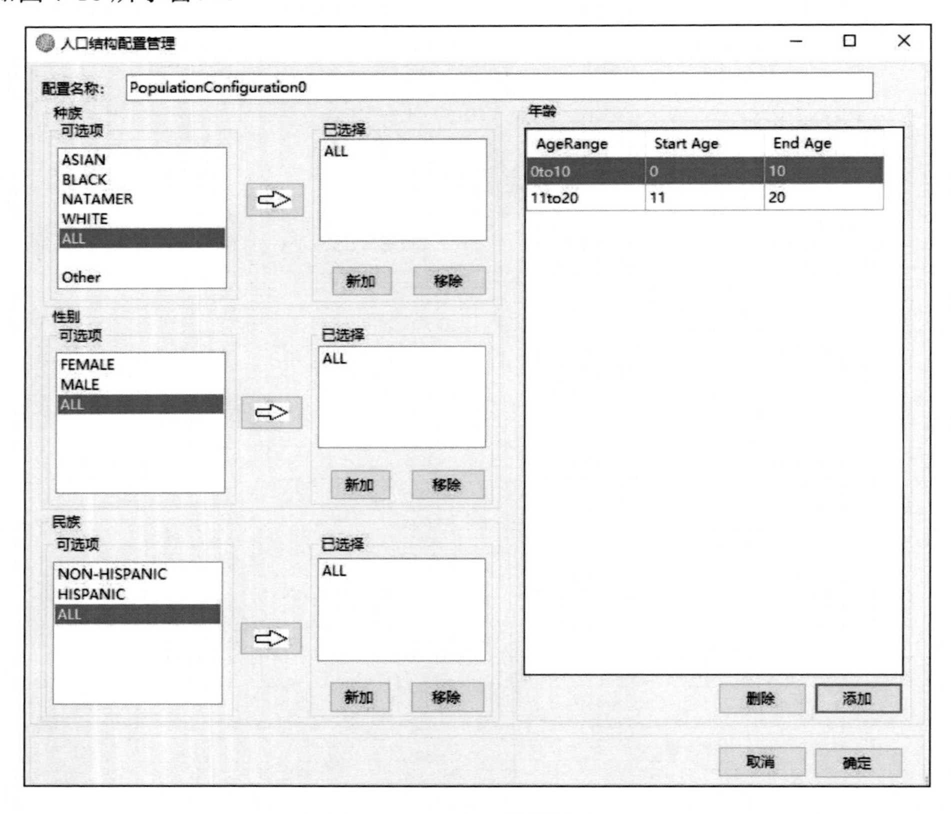

图 7-16　人口结构管理

用户可以自定义种族、性别、民族及年龄范围，点击对应栏目下的“新加”按钮，随后键入名称即定义完成。需要注意的是，这里选择的各项数值（如图 7-16 中已选择的种族“ALL”、性别“ALL”、民族“ALL”等，年龄范围“0to10”“11to20”），需要与待加载的人口数据文件相匹配。

数据来源中用户需要选择包括人口数据的文件。点击“浏览”后，从文件管理器中选择相应的文件即可。人口数据的文件需要为 CSV 格式，其表头如表 7-4 所示。

表 7-4　人口数据文件表头说明

列名	类型	不能为空	备注
AgeRange	Text	是	与人口配置中的 AgeRange 匹配
Column	Integer	是	与网格定义里面的 Column、Row 对应
Row	Integer	是	
Year	Integer	是	
Population	Numeric	是	
Race	Text	是	与人口配置中的 Race 匹配
Ethnicity	Text	是	与人口配置中的 Ethnicity 匹配
Gender	Text	是	与人口配置中的 Gender 匹配

7.7　健康影响函数

健康影响函数是用来评估空气环境变化对人体健康影响的核心方法，其目的是量化计算在特定人口数量下空气污染浓度的改变所带来的疾病发生数的减少量。在本数据库中，一个完整的健康影响函数的使用需要指定污染物、指定污染物的度量标准、指定当前人口数量及人口结构，以及待分析疾病的发生率和患病率。

点击健康影响函数下的“编辑”按钮，可进入健康影响函数管理的界面（图 7-17）。

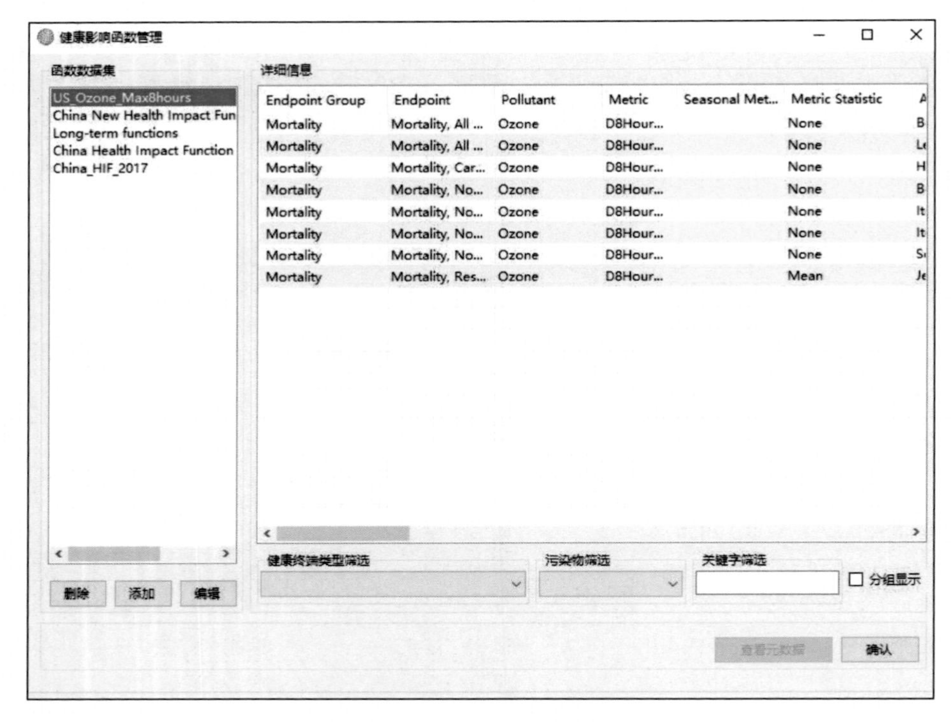

图 7-17 健康影响函数管理

7.8 变量数据集

计算健康影响和健康效益时，可能会涉及有关变量，这些变量因区域而异，需按地理区域或网格来设定划分。用户可新增变量，只需导入变量数据文件（模板文件），并选择对应的网格定义导入数据库即可；可根据需要删除已有的变量数据，也可对已有的变量进行修改、编辑并保存至数据库。

点击变量数据集下的“编辑”按钮，可进入变量数据管理的界面（图 7-18）。

图 7-18　变量数据管理

7.9　通胀数据

评估健康效益时需要设定通货膨胀率，将估计值进行折现，这样才能得到较精确的数值。影响通货膨胀的因素主要有物价指数、医疗消费指数和工资指数，用户可新增通货膨胀率数据，只需导入通货膨胀率数据文件（模板文件）并保存至数据库，新增的记录需命名，可根据需要删除已有的通货膨胀率数据。

点击通胀数据下的“编辑”按钮，可进入通胀数据管理的界面（图 7-19）。

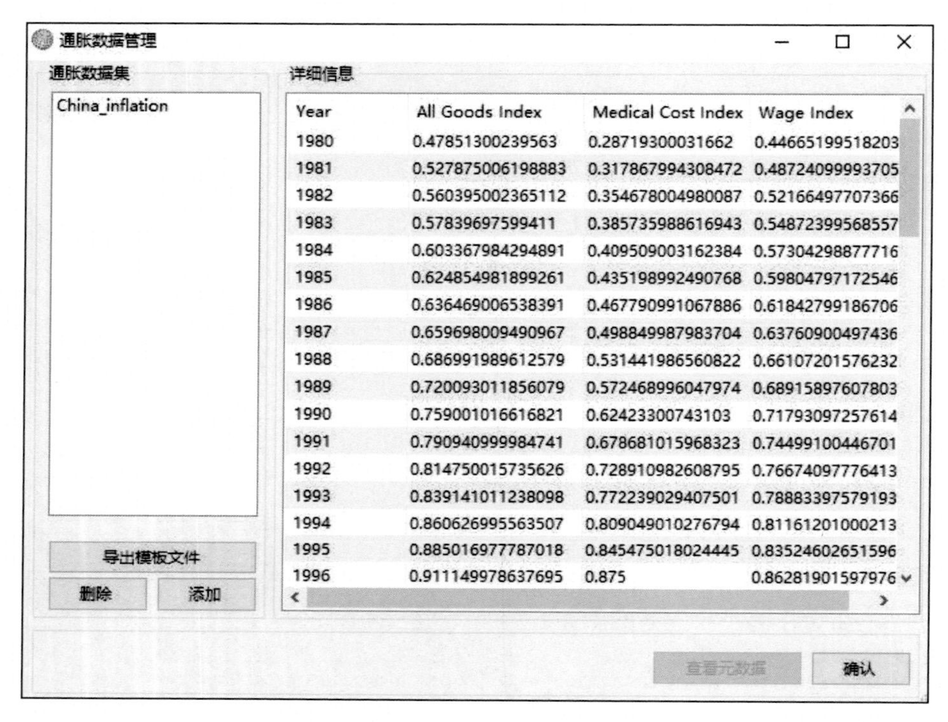

图 7-19 通胀数据管理

7.10 价值评估函数

价值评估函数是效益评估子系统的最关键要素，通过价值评估函数即可估计当空气质量发生变化时所发生的健康效益。价值评估函数与广义的疾病类型、狭义的疾病类型、人群起止年龄、常量、分布函数的类型、分布函数的参数和某些限定条件相关；应用于计算的不可或缺的变量有自定义变量（根据通货膨胀情况而定）、分布函数的类型及参数等。

用户可新增各疾病对应的价值评估函数，可选择导入价值评估函数文件（模板文件），也可选择逐个自定义价值评估函数并导入，这里需要定义价值评估函数所属的名称，然后保存至数据库即可。用户可根据需要删除已有的价值评估函数，也可对已有的价值评估函数进行修改、编辑并保存至数据库。

点击价值评估函数下的“编辑”按钮，可进入价值函数管理的界面（图 7-20）。

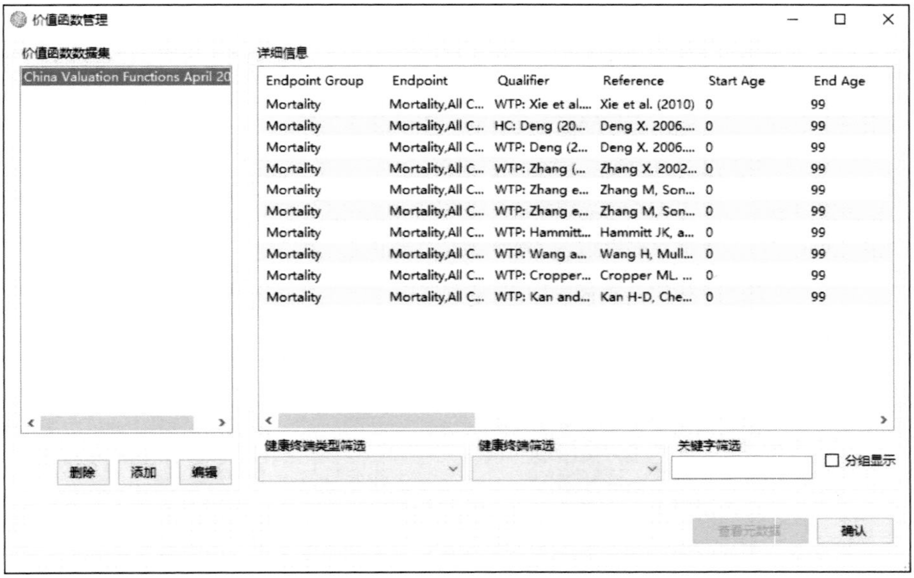

价值函数管理

价值函数数据集

China Valuation Functions April 20

详细信息

Endpoint Group	Endpoint	Qualifier	Reference	Start Age	End Age
Mortality	Mortality,All C...	WTP: Xie et al....	Xie et al. (2010)	0	99
Mortality	Mortality,All C...	HC: Deng (20...	Deng X. 2006....	0	99
Mortality	Mortality,All C...	WTP: Deng (2...	Deng X. 2006....	0	99
Mortality	Mortality,All C...	WTP: Zhang (...	Zhang X. 2002...	0	99
Mortality	Mortality,All C...	WTP: Zhang e...	Zhang M, Son...	0	99
Mortality	Mortality,All C...	WTP: Zhang e...	Zhang M, Son...	0	99
Mortality	Mortality,All C...	WTP: Hammitt...	Hammitt JK, a...	0	99
Mortality	Mortality,All C...	WTP: Wang a...	Wang H, Mull...	0	99
Mortality	Mortality,All C...	WTP: Cropper...	Cropper ML. ...	0	99
Mortality	Mortality,All C...	WTP: Kan and...	Kan H-D, Che...	0	99

删除　添加　编辑

健康终端类型筛选　健康终端筛选　关键字筛选　分组显示

查看元数据　确认

图 7-20　价值函数管理

7.11　居民收入增长调整

居民收入的增加或减少，直接关系到他们的支付意愿。居民的支付意愿也会间接影响他们对空气污染的关注度和重视程度，收入调整与疾病类型相关。用户可新增以某年为基准年的收入调整资料，只需导入收入调整文件（模板文件）并保存至数据库即可；也可删除已有的收入调整数据。若用户自行设定收入调整数据，需要设定基准年份。

点击居民收入增长调整下的“编辑”按钮，可进入居民收入增长数据管理的界面（图 7-21）。

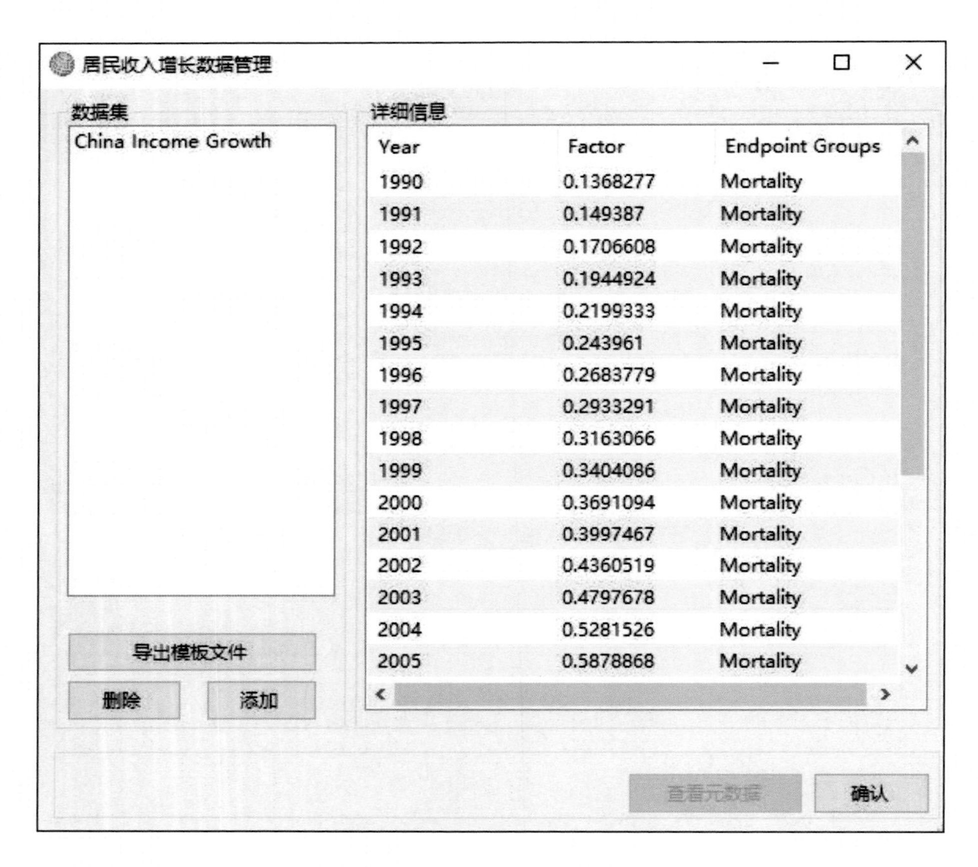

图 7-21 居民收入增长数据管理

第3部分

基于空气质量目标减排的费用效益评估模型操作指南

第 8 章　基于空气质量目标减排的费用效益评估模型概述

基于空气质量目标减排的费用效益评估模型为特定空气质量目标制定优化（最低成本）控制策略的系统，它集成了 4 个工具：①达标评估系统（SMAT-CE）；②减排与空气质量快速响应系统（RSM-VAT）；③社会经济成本评估系统（ICET）；④效益评估系统（BenMAP-CE）。它为科学家们提供了一个用户友好的系统化框架，并能进行成本效益的控制策略分析。

8.1　流程框架

基于空气质量目标减排的费用效益评估模型通过使用后台脚本的方式按顺序地访问并运行 4 个 ICBA 决策工具，以帮助用户获得指定达标空气质量的优化控制策略。图 8-1 显示了基于空气质量目标减排的费用效益评估模型的功能框架。首先，用户设定了达标目标（如 $PM_{2.5}$ 的年平均值为 35 μg/m^3，O_3 的每日 1 小时最大值为 100×10^{-9}）。其次，由达标评估系统（SMAT-CE）结合各站点的监测值计算与排放削减率实时响应的 $PM_{2.5}$ 和 O_3 浓度。再次，将不同污染物和地区的削减率输入控制成本优化器（LE-CO、ICET 和 pf-RSM 之间的迭代计算），找出以最小成本就能满足环境目标的优化控制成本策略。复次，将优化控制成本策略输入效益评估系统（BenMAP-CE），评估由空气质量改变导致的健康效益和经济效益。最后，系统将输出与这些优化排放控制策略相对应的效益/成本比（单位成本投入产出的效益）。

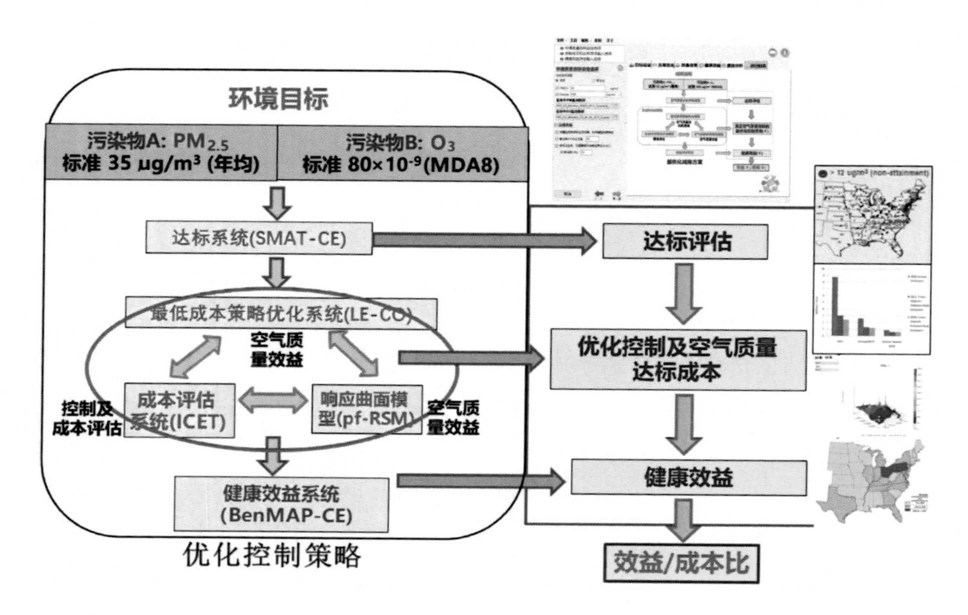

图 8-1 基于空气质量目标减排的费用效益评估模型的功能框架

8.2 使用对象

基于空气质量目标减排的费用效益评估模型可供广大用户群使用，包括科研工作者、政策分析者等。大多数最终用户可以直接使用基于空气质量目标减排的费用效益评估模型来选择最佳的控制措施，这些措施不仅可以满足空气质量和健康效益标准，还是所有措施中最具成本效益的控制措施。

基于空气质量目标减排的费用效益评估模型具体可用于以下几个方面。

8.2.1 最优控制策略分析

可用于研发最佳控制措施并以最低成本达到控制标准。

8.2.2 动态情景分析

为不同达标情景提供实时响应的成本效益结果。

8.3 安装需求

基于空气质量目标减排的费用效益评估模型安装需计算机有以下配置。

（1）Net Framework 4.0 版本或更高。

（2）32 位或 64 位 Windows 7/Windows 8/Windows 10 操作系统。

（3）2 GB 内存或更大。

（4）10 GB 可用磁盘空间或更大。

8.4 术语与文件类型

本章的第一部分解释了本用户手册和模型中使用的常用术语，并引用了本操作手册中的其他章节以便用户查找更详细的信息。第二部分详述了基于空气质量目标减排的费用效益评估模型可读取的外部模型生成文件和监测文件的格式要求。

8.4.1 基于空气质量目标减排的费用效益评估模型

基于空气质量目标减排的费用效益评估模型是空气效益/成本和达标评估系统的优化版，它基于实际的政策等文件所要求的污染物的最终达标目标，通过使用各个子系统计算分析得到既能达标且成本又最低的优化情景。

8.4.2 基准年 $PM_{2.5}$ 监测数据

一个记录基准年每个监测站点 $PM_{2.5}$ 浓度的文本文件（* .csv）。它包含每个站点的地理位置、站名和 $PM_{2.5}$ 浓度。

8.4.3 基准年 O_3 监测数据

一个记录基准年每个监测站点 O_3 浓度的文本文件（* .csv）。它包含每个站点的地理位置、站名和 O_3 浓度。

8.4.4 因子文件

关于排放因子信息的*.csv 文件。含所有因子的属性、大小和来源。

8.4.5 RSM 文件

RSM-VAT 创建的*.rsm 文件。

8.4.6 受体区域文件

用于定义分析目标网格区域的独立*.txt 文件。

8.4.7 映射文件

一个简单的文本文件（* .csv），用于将 ICET 中的 Region、Pollutant、Source 与 RSM 中的 Region 链接。例如，ICET 中使用的“Shanghai”将代替 RSM 中的“SH”。

8.4.8 控制输入文件

一个简单的文本文件（* .csv）。该文件包含：①不同减排量下各种控制因素的单位控制成本；②默认控制水平；③排放和成本单位。数据主要来自控制策略模型（如 EMF/CoST、GCAM、TECAS、GAINS-Asia、LEAP 等）或研究报告/参考或对该地区/城市当地工厂的现场调查。

8.4.9 聚合网格定义文件

用于将网格值聚合为目标区域级别（如区县或者设区的市级别）的值。请注意，此文件应与达标评估输入选项中的网格定义文件重叠。

8.4.10 健康影响函数配置文件或其结果文件

用于健康影响评估的配置文件（*.cfgx）。

8.4.11　APV 配置文件或其结果文件

用于环境效益评估的配置文件（*.apvx or *.apvrx）。

表 8-1 呈现了以上不同类型文件的名称和文件扩展名。

表 8-1　基于空气质量目标减排的费用效益评估模型生成文件格式

文件名	文件扩展名
基准年 $PM_{2.5}$ 监测数据	*.csv
基准年 O_3 监测数据	*.csv
因子文件	*.csv
RSM 文件	*.rsm
受体区域文件	*.txt
映射文件	* .csv
控制输入文件	* .csv
聚合网格定义文件	*.shp
健康影响函数配置文件或其结果文件	*.cfgx
APV 配置文件或其结果文件	*.apvx or *.apvrx

第 9 章　操作界面及主要功能

基于空气质量目标减排的费用效益评估模型的主界面如图 9-1 所示。

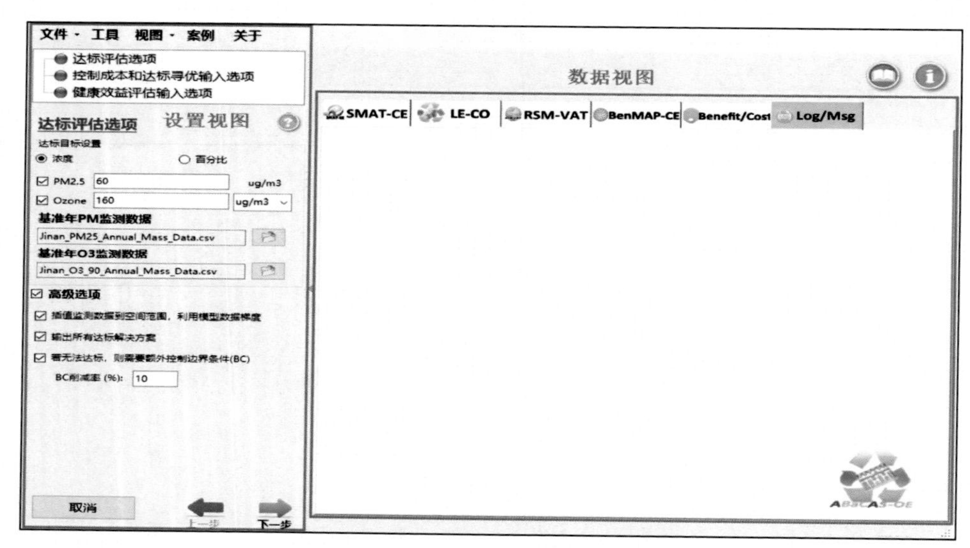

图 9-1　大气污染成本效益与达标评估优化反算系统主界面

如图 9-1 所示，窗口顶端有“文件”“工具”“视图”“案例”“关于”5 个选项。单击主界面工具栏上的“文件”按钮，有 6 个选项可供用户选择。

（1）点击“打开项目”，可以加载一个已经运行好的项目。

（2）点击“新建项目”，可以创建一个新的项目。

（3）点击“保存项目”，可以保存一个新运行的项目。

（4）点击“案例”，可以选择对应的项目文件配置文件（*.xml），这样系统切换到每个模块都会加载这个配置文件设置好的路径，无须用户再一一选取和设置。

（5）点击“选项”，可以修改各个子系统的运行路径以及数据存放路径。其中，如果用户系统盘空间容量不足，可以通过设置数据存放路径，把用户 Documents 目录下的 My ABACAS-OE Files 迁移到指定的数据存放路径下。

（6）点击“退出”，可以退出系统。

单击“工具”按钮可根据用户需求单独设置和运行相关工具，包括社会经济成本评估系统、减排与空气质量快速响应系统、达标评估系统和效益评估系统。

单击“视图”按钮，有两个选项可供用户选择。

（1）点击“设置视图”，可以查看设置界面。

（2）点击“数据视图”，可以查看可视化分析结果界面。

单击“案例”按钮可选择不同的案例情景，当前共有“中国”“美国”“其他”3 个选项，用户可根据自己所在的地区进行选择，如不属于其中一个国家，可以选择“其他”进行设置。默认案例为中国。

单击“关于”选项可以查看系统的版本号、版权等信息。

此外，有 3 个不同的输入选项可用于输入不同的数据或配置参数，包括达标评估选项、控制成本和达标寻优输入选项以及健康效益评估输入选项。

9.1　达标评估选项

达标评估选项包括达标目标设置、基准年 $PM_{2.5}$ 监测数据、基准年 O_3 监测数据和高级选项，如图 9-2 所示。

达标目标设置：允许用户在选择待分析的目标污染物时设置对应的达标浓度/百分比。例如，用户可以根据他们自身的需要选择 $PM_{2.5}$ 和 O_3 两者其一或一起作为目标污染物，同时设置它们对应的达标浓度/百分比。

基准年 $PM_{2.5}$ 监测数据：如果用户选择 $PM_{2.5}$ 作为目标污染物，那他们就需要设置与之对应的基准年监测数据。通过这些数据，最终模型预测值的合理性就可以得到保证。

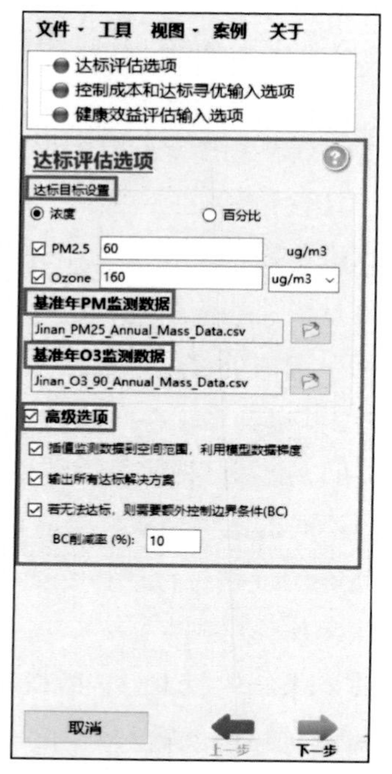

图 9-2　达标评估选项

基准年 O_3 监测数据：如果用户选择 O_3 作为目标污染物，那他们就需要设置与之对应的基准年监测数据。通过这些数据，最终模型预测值的合理性就可以得到保证。

高级选项：允许用户根据他们的需要设置更多的参数。例如，用户可以选择“eVNA”将监测数据插值到空间范围，并利用模型数据梯度；选择“输出所有达标解决方案”与否确定是否只输出唯一的优化达标方案；选择“额外控制边界条件（BC）”，当此前所有解决方案都无法达标时。

9.2　控制成本和达标寻优输入选项

控制成本和达标寻优输入选项包括 LE-CO 输入选项、RSM 输入选项和 ICET 输入选项，如图 9-3 所示。

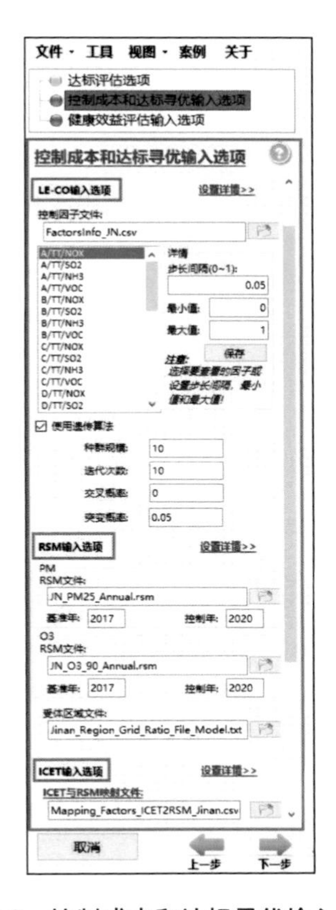

图 9-3　控制成本和达标寻优输入选项

9.2.1　策略优化输入选项

策略优化输入选项包括控制因子文件、详情和使用遗传算法，如图 9-4 所示。此外，用户可以选择是否使用 LE-CO 配置文件。

控制因子文件：允许用户设置特定区域的控制因子信息。

详情：允许用户通过设置步长间隔、最小值和最大值来确定控制情景数。

使用遗传算法：允许用户通过“种群规模”确定原始情景数；通过“迭代次数”确定 LE-CO、ICET 和 RSM-VAT 之间的迭代计算次数；通过“交叉概率”或“突变概率”确定因子随机变化的范围。随着迭代次数的增加，计算将收敛到最优解。

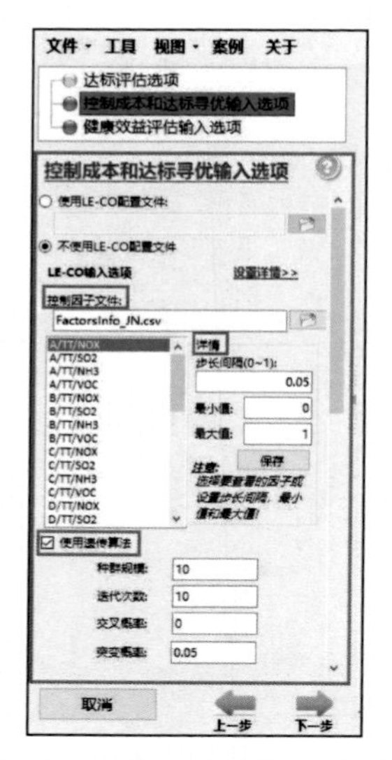

图 9-4 策略优化输入选项

9.2.2 质量模拟输入选项

质量模拟输入选项允许用户根据不同的污染物设置对应的 RSM 文件，并且可以同时选择两种污染物，如图 9-5 所示。

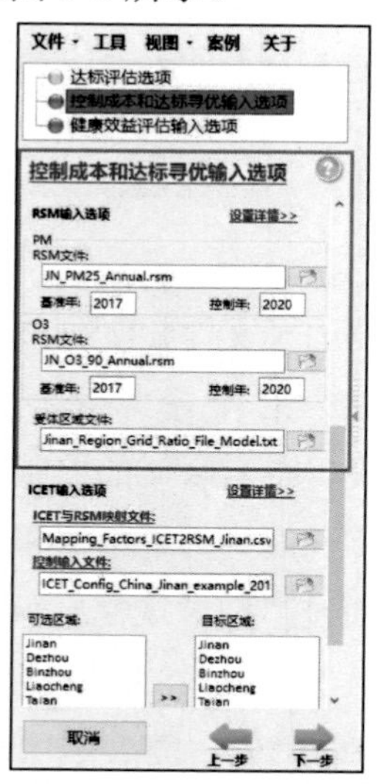

图 9-5 质量模拟输入选项

9.2.3 成本评估输入选项

成本评估输入选项允许用户设置 ICET 与 RSM 映射文件和控制输入文件。用户也可以选择特定的区域进行计算和分析，如图 9-6 所示。

图 9-6　成本评估输入选项

9.3 健康效益评估输入选项

健康效益评估输入选项包括聚合网格定义文件、健康影响函数配置文件或其结果文件、APV 配置文件或其结果文件和参数配置日志，如图 9-7 所示。

聚合网格定义文件：允许用户设置特定区域的网格信息。

健康影响函数配置文件或其结果文件：包括健康影响评估所需的参数信息列表。

APV 配置文件或其结果文件：包括环境效益评估所需的参数信息列表。

参数配置日志：允许用户查看详细的配置信息。

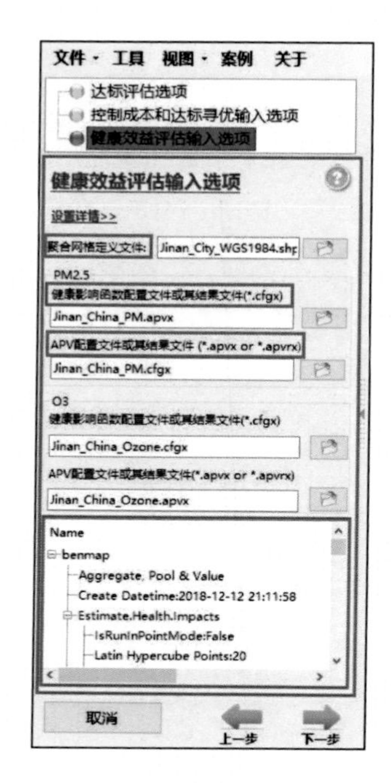

图 9-7 健康效益评估输入选项

第 10 章　基于空气质量目标减排的费用效益评估模型

输入设置完成后，用户需要单击“下一步”开始运行基于空气质量目标减排的费用效益评估模型。用户可以通过“运行日志”查看正在运行的消息，如图 10-1 所示。

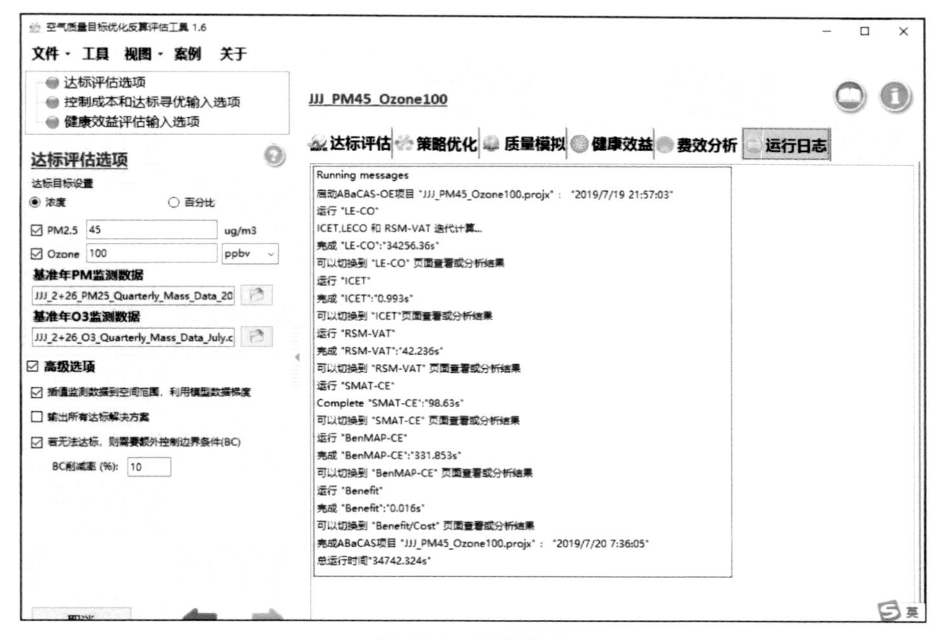

图 10-1　运行信息

当基于空气质量目标减排的费用效益评估模型运行完毕后，系统为其可视化分析的 4 个子系统（达标评估、策略优化、质量模拟和健康效益）提供多种显示方式，包括地图、GIS、图表或数据，如图 10-2 所示。

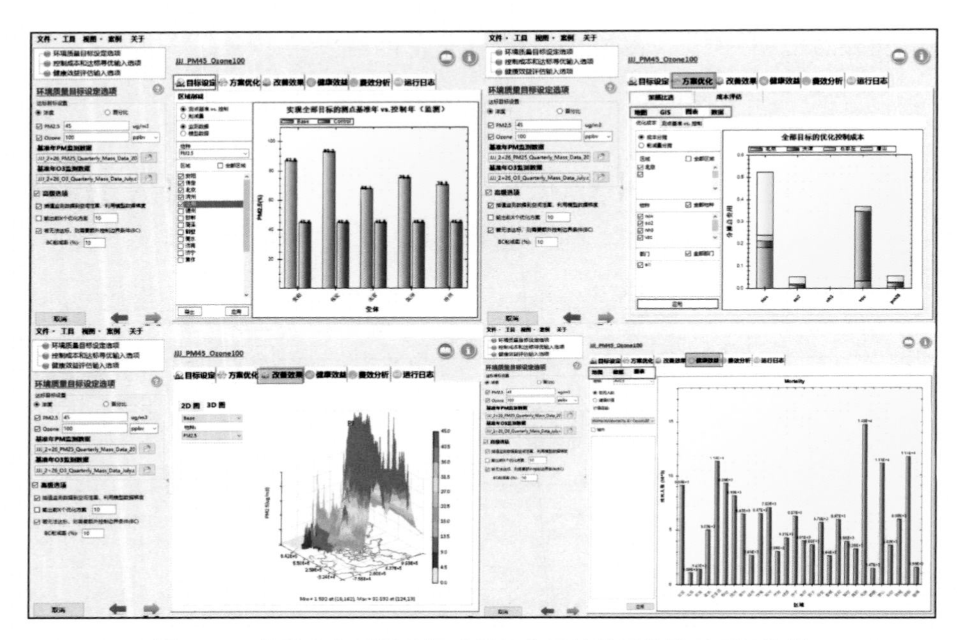

图 10-2　基于空气质量目标减排的费用效益评估模型运行结果

10.1　达标评估运行结果

在图表模块中，用户可以查看不同地区/城市污染物基准年与控制年的浓度值或百分比之间的比较以及它们对应的削减量。用户还可以根据他们的需要对图进行设置，如图 10-3 所示。

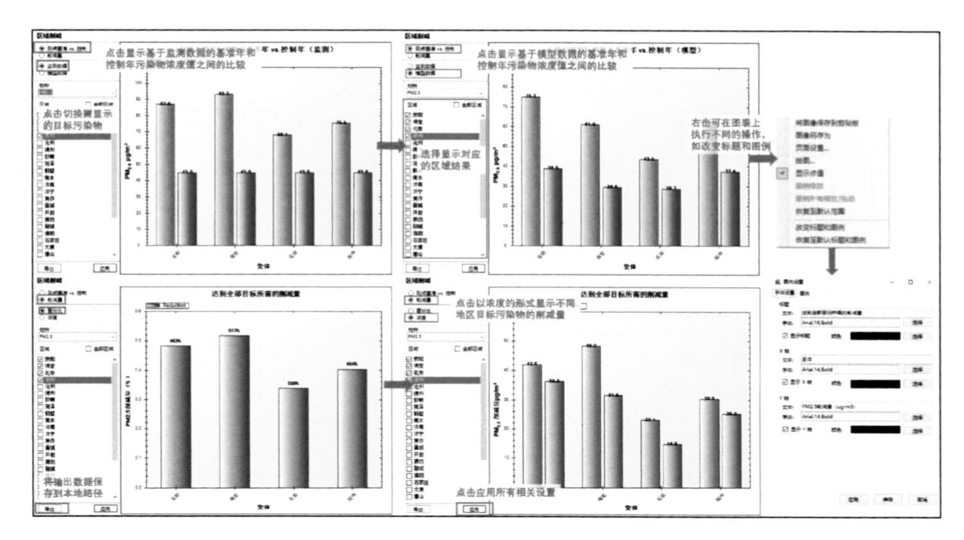

图 10-3　达标评估的图表结果和配置

10.2　策略优化运行结果

10.2.1　优化决策的结果

在地图模块中，其可以显示不同达标情景下目标污染物的浓度贡献分布情况。用户还可以设置特定的绘图类型并在地图上执行不同的操作（如尺寸最大化或尺寸恢复），如图 10-4 所示。

在 GIS 模块中，其可以显示不同情景下每个监测站点的达标结果。并且，用户还可以根据需要配置图例，如图 10-5 所示。

在图表模块中，用户可以查看不同情景下不同监测站点的结果，并且可以根据他们的需要对图进行设置，如图 10-6 所示。

在数据模块中，其提供了更多有关每个达标情景的详细信息，如控制成本、每个监测站点的达标浓度和排放削减量等。用户可以点击选择他们感兴趣的模块显示或导出数据以供进一步研究，如图 10-7 所示。

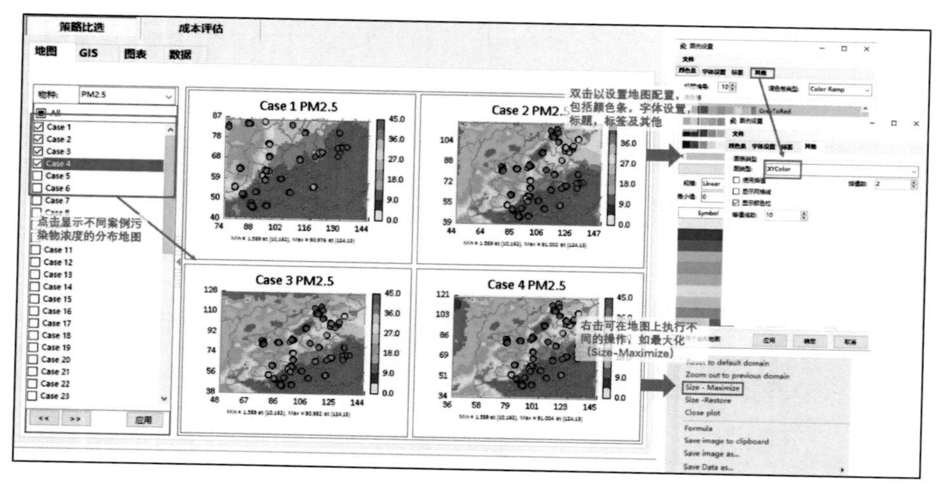

图 10-4　优化决策的地图结果和配置

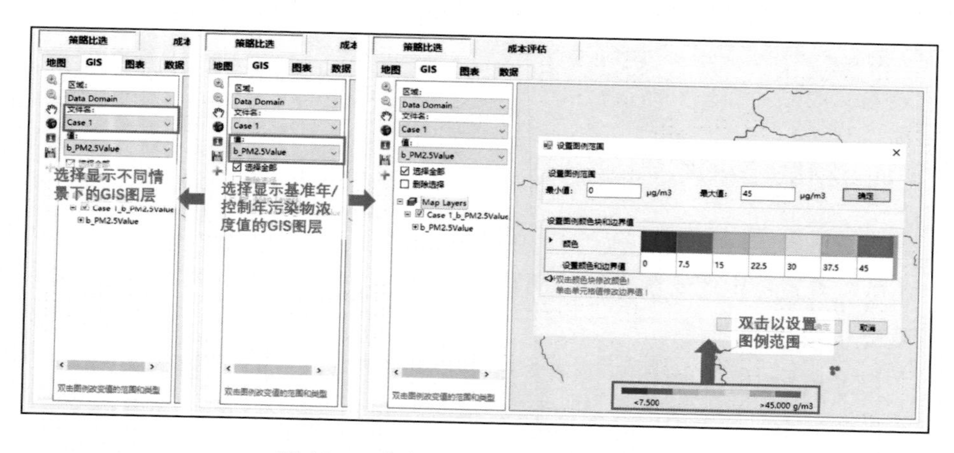

图 10-5　优化决策的 GIS 结果和配置

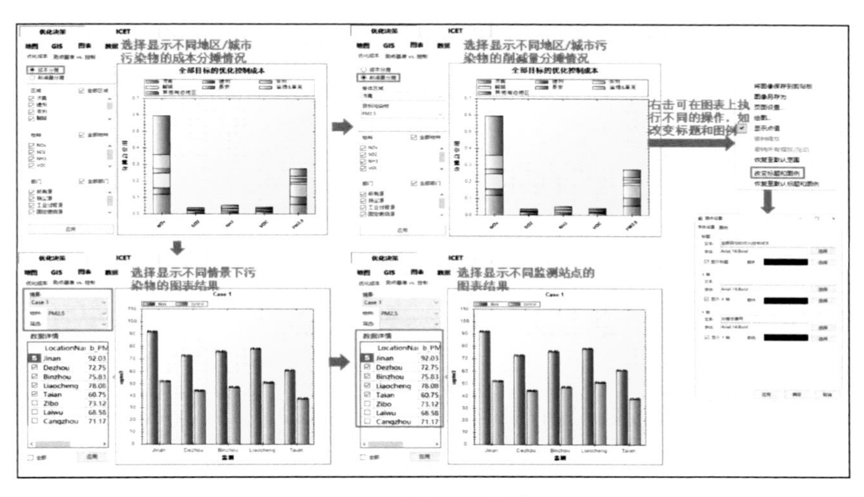

图 10-6　优化决策的图表结果和配置

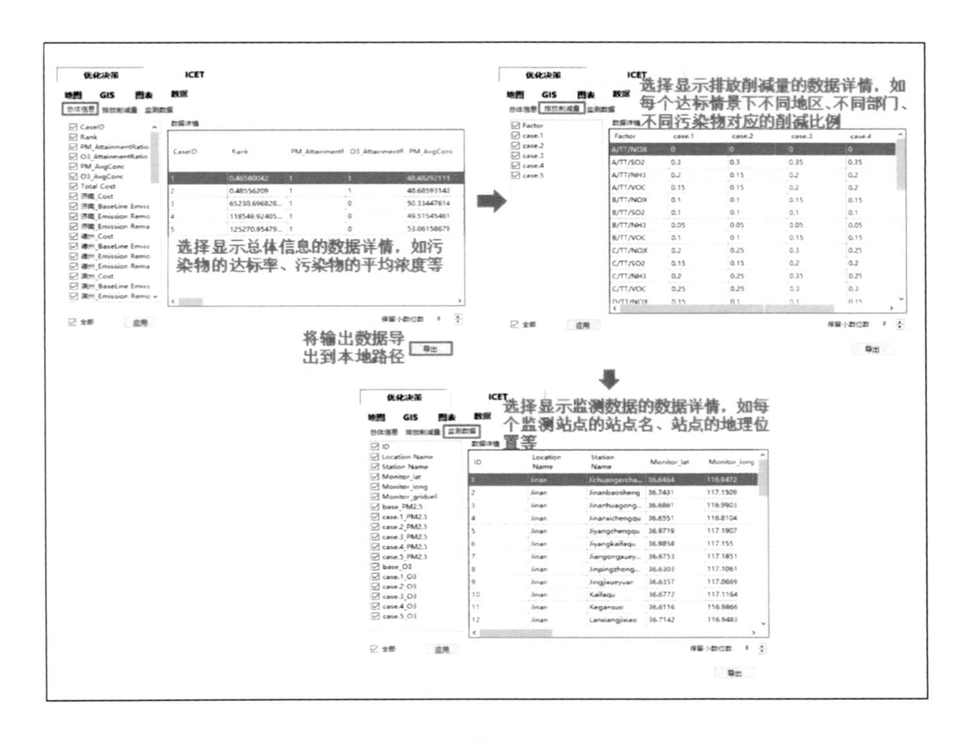

图 10-7　优化决策的数据结果和配置

10.2.2 成本评估的结果

在数据模块中，其提供了更多有关污染物控制策略的详细信息，如削减总成本、分污染物的削减成本和基准年排放量等。用户可以点击选择他们感兴趣的模块进行显示或导出数据，如图 10-8 所示。

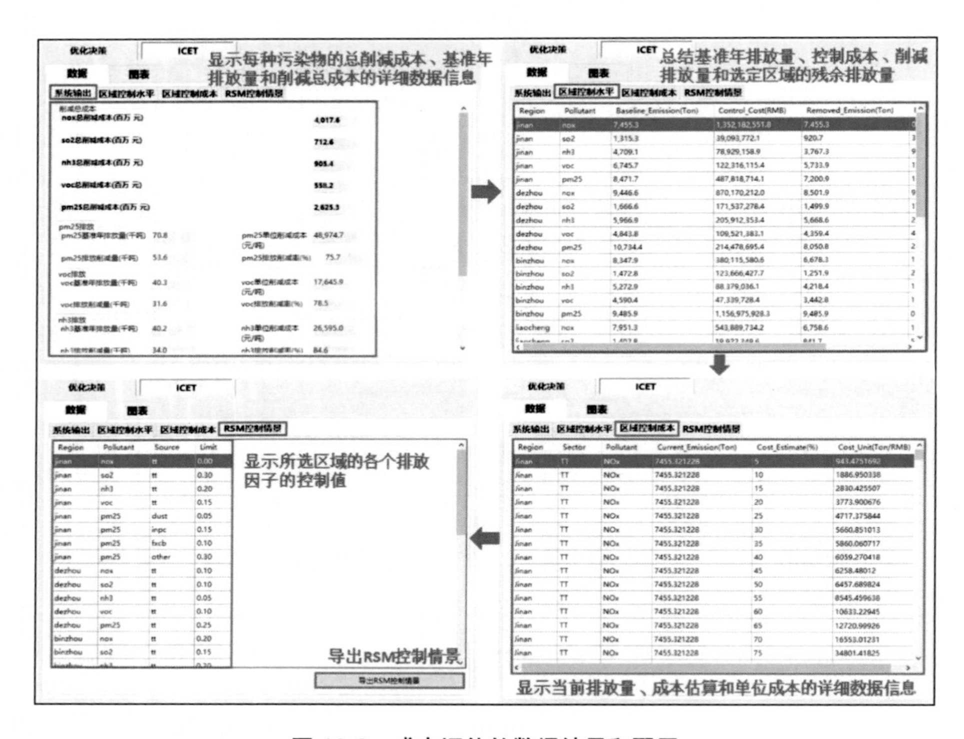

图 10-8 成本评估的数据结果和配置

在图表模块中，用户也可以查看不同污染物控制策略的结果，并且可以根据他们的需要对图进行设置，如图 10-9 所示。

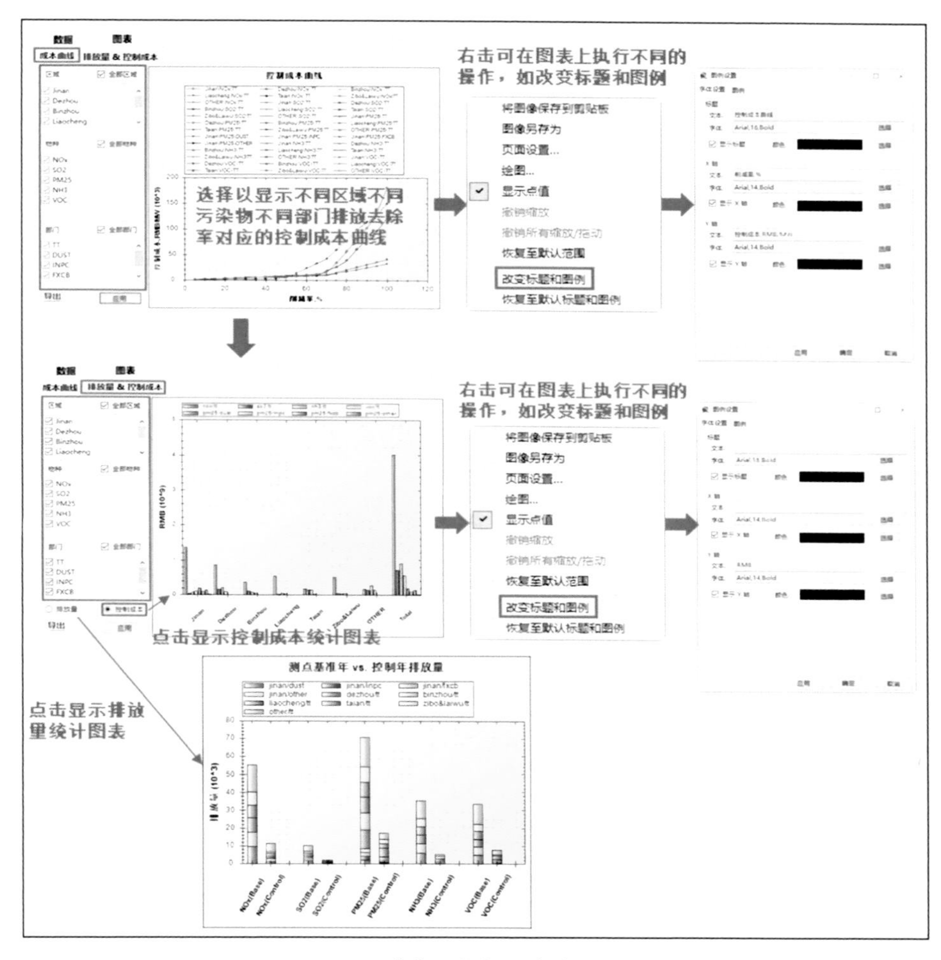

图 10-9 成本评估的图表结果和配置

10.3 质量模拟运行结果

在地图模块中，其可以显示与减排控制实时响应的浓度。并且用户可以在地图上执行不同的操作（如尺寸最大化或尺寸恢复），如图 10-10 所示。

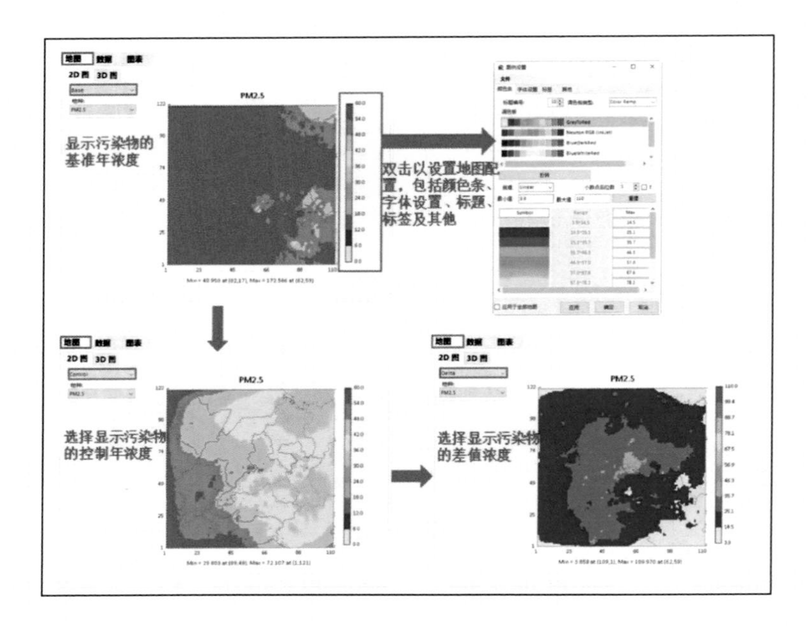

图 10-10　质量模拟的地图结果和配置

在数据模块中，其提供了更多有关污染物浓度的详细信息，如基准年浓度、控制年浓度和差值浓度等。用户可以点击选择他们感兴趣的模块进行显示或导出数据，如图 10-11 所示。

地图 数据 图表　　将输出数据导出到本地路径

◉ 基准情景 ○ 控制情景 ○ 差值　○ PM2.5 ◉ O3　1 /264　导出

_ID	_TYPE	LAT	LONG	Season	O3
1001		35.2	115.1	2017	202.3
2001		35.2	115.1	2017	201.4
3001		35.2	115.2	2017	198.5
4001		35.2	115.2	2017	197.8
5001		35.2	115.2	2017	195.5
6001		35.2	115.3	2017	198.0
7001		35.2	115.3	2017	198.0
8001		35.2	115.3	2017	200.4
9001		35.2	115.4	2017	196.3
10001		35.2	115.4	2017	196.6
11001		35.2	115.4	2017	198.0
12001		35.2	115.5	2017	204.9
13001		35.2	115.5	2017	204.7
14001		35.2	115.5	2017	206.9
15001		35.2	115.6	2017	207.0
16001		35.2	115.6	2017	207.4
17001		35.2	115.6	2017	205.4
18001		35.2	115.7	2017	201.5
19001		35.2	115.7	2017	200.8

图 10-11　质量模拟的数据结果和配置

在图表模块中，用户可以查看排放控制下的减排效果，并且可以根据他们的需要对图进行设置，如图 10-12 所示。

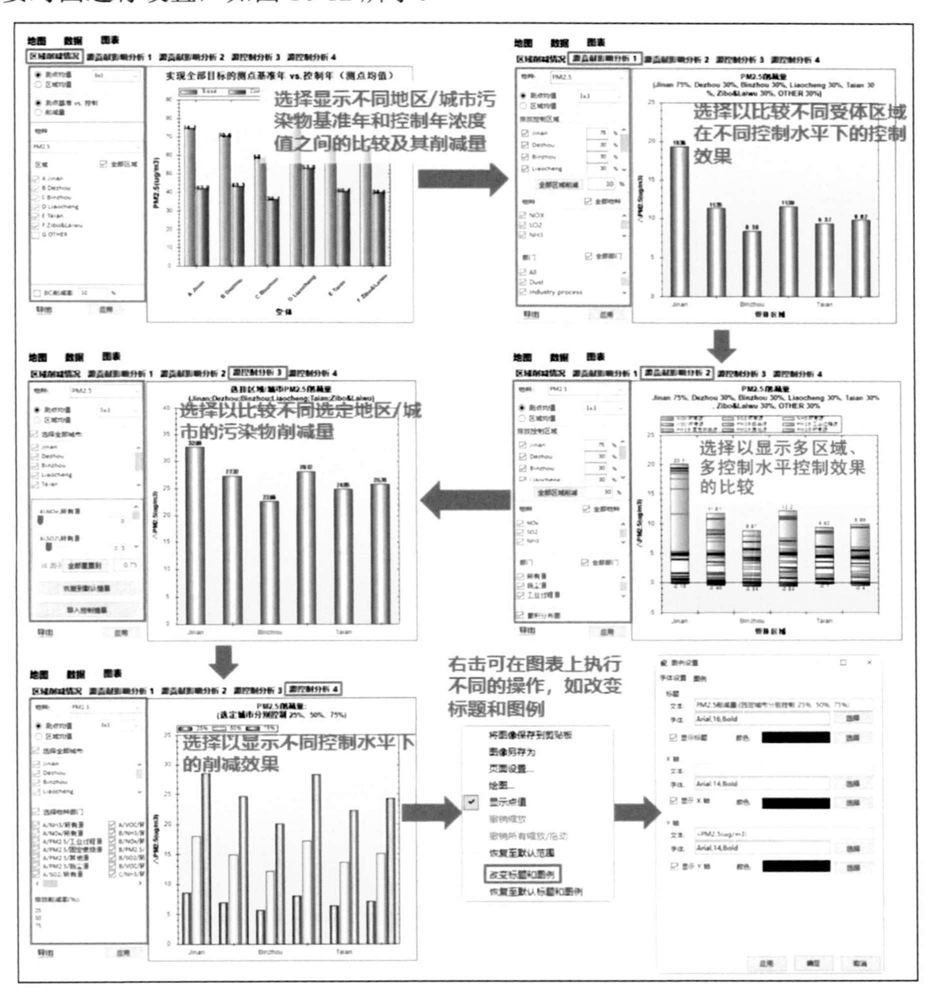

图 10-12　质量模拟的图表结果和配置

10.4　健康效益运行结果

在地图模块中，其可以显示所分析地区/城市的致死人数和健康价值。并且用户可以根据需要配置图例，如图 10-13 所示。

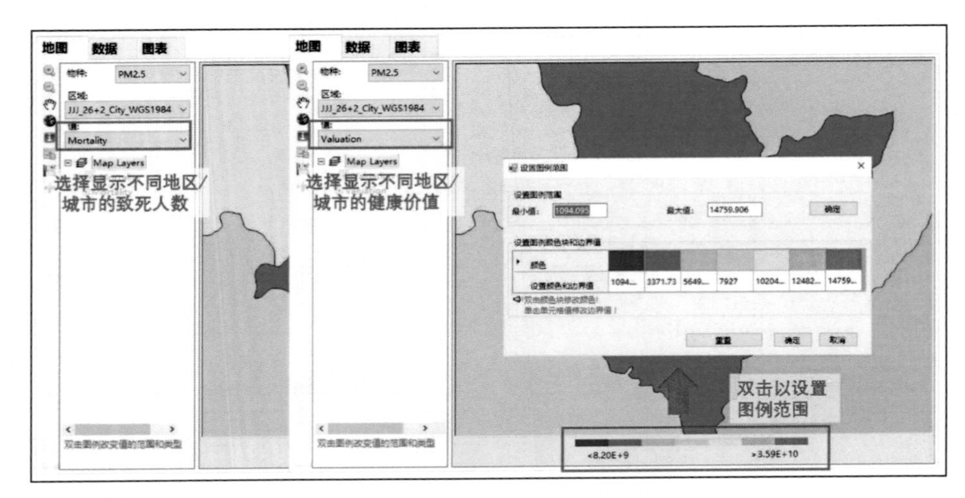

图 10-13 健康效益的地图结果和配置

在数据模块中，其提供了更多有关每个地区的致死人数和一系列健康价值的细节信息，如低效益、中效益、高效益等，如图 10-14 所示。

地图　数据　图表

物种：PM2.5　　1　/1　　导出

将输出数据导出到本地路径

Region	Benefit	Mortality	LowBenefit	MedianBenefit	HighBenefit
other	5,825,984,808.0	2,738.6	3,558,345,320.0	3,916,500,968.0	24,081,080,46...
jinan	2,101,302,144.0	987.7	1,376,073,856.0	1,490,389,504.0	7,932,052,480.0
binzhou	1,175,646,848.0	552.6	732,528,960.0	802,388,288.0	4,742,191,616.0
taian	1,556,145,280.0	731.5	935,201,408.0	1,033,522,176.0	6,554,897,408.0
zibo&laiwu	1,611,821,056.0	757.7	974,461,472.0	1,075,368,816.0	6,742,228,736.0
liaocheng	1,486,127,232.0	698.6	943,842,944.0	1,029,177,152.0	5,849,968,128.0
dezhou	1,684,621,952.0	791.9	1,045,854,272.0	1,146,628,736.0	6,825,878,016.0
总计	15,441,649,32...	7,258.5	9,566,308,232.0	10,493,975,64...	62,728,296,84...

图 10-14 健康效益的数据结果和配置

在图表模块中，用户可以直观地查看不同地区/城市的致死人数和健康价值，并且可以根据他们的需要对图进行设置，如图 10-15 所示。

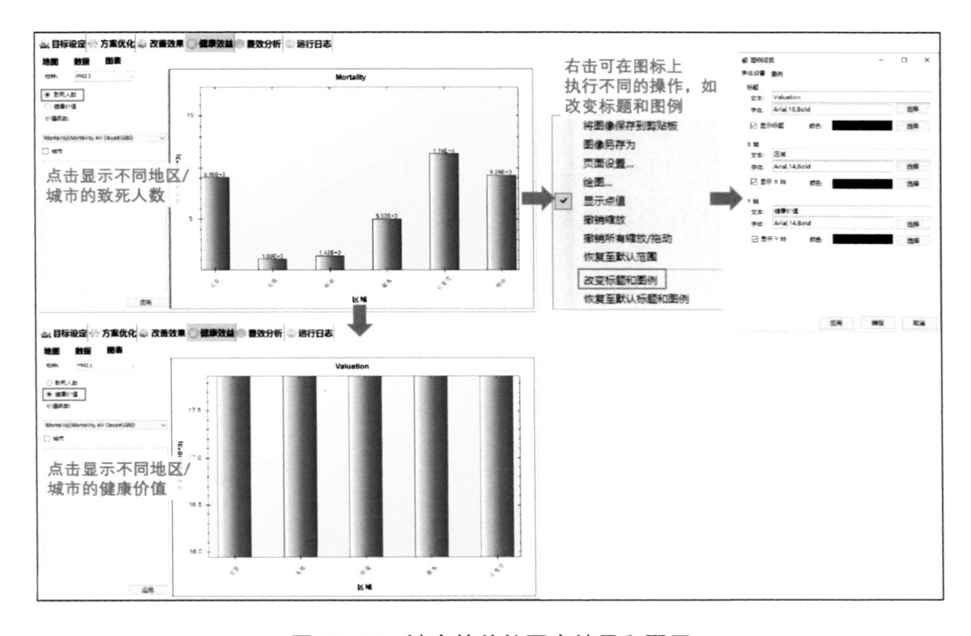

图 10-15　健康效益的图表结果和配置

第 11 章　基于空气质量目标减排的京津冀地区费用效益评估案例研究

11.1　创建新项目

点击“文件”按钮，选择新建项目以创建一个新项目。

11.2　设置输入参数

选择 $PM_{2.5}$ 和 O_3 作为待分析的目标污染物，并将其达标浓度分别设为 60 μg/m^3 和 160 μg/m^3。

分别点击与 $PM_{2.5}$ 和 O_3 对应的监测数据文件按钮 选择基准年 $PM_{2.5}$ 和 O_3 监测数据并打开。基准年 $PM_{2.5}$ 和 O_3 监测数据的具体细节如图 11-1 和图 11-2 所示。

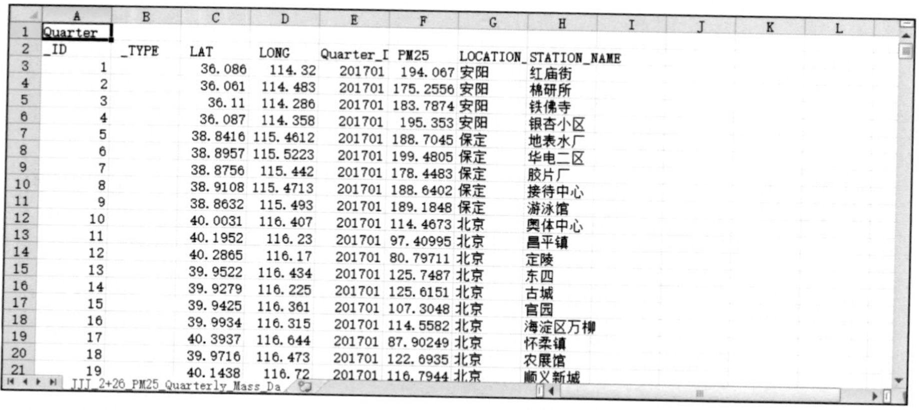

	A	B	C	D	E	F	G	H
1	Quarter							
2	_ID	_TYPE	LAT	LONG	Quarter_I	PM25	LOCATION_	STATION_NAME
3	1		36.086	114.32	201701	194.067	安阳	红庙街
4	2		36.061	114.483	201701	175.2556	安阳	棉研所
5	3		36.11	114.286	201701	183.7874	安阳	铁佛寺
6	4		36.087	114.358	201701	195.353	安阳	银杏小区
7	5		38.8416	115.4612	201701	188.7045	保定	地表水厂
8	6		38.8957	115.5223	201701	199.4805	保定	华电二区
9	7		38.8756	115.442	201701	178.4483	保定	胶片厂
10	8		38.9108	115.4713	201701	188.6402	保定	接待中心
11	9		38.8632	115.493	201701	189.1848	保定	游泳馆
12	10		40.0031	116.407	201701	114.4673	北京	奥体中心
13	11		40.1952	116.23	201701	97.40995	北京	昌平镇
14	12		40.2865	116.17	201701	80.79711	北京	定陵
15	13		39.9522	116.434	201701	125.7487	北京	东四
16	14		39.9279	116.225	201701	125.6151	北京	古城
17	15		39.9425	116.361	201701	107.3048	北京	官园
18	16		39.9934	116.315	201701	114.5582	北京	海淀区万柳
19	17		40.3937	116.644	201701	87.90249	北京	怀柔镇
20	18		39.9716	116.473	201701	122.6935	北京	农展馆
21	19		40.1438	116.72	201701	116.7944	北京	顺义新城

JJJ_2+26_PM25_Quarterly_Mass_Da

图 11-1　基准年 $PM_{2.5}$ 监测数据

	A	B	C	D	E	F	G	H
1	DesignValue							
2	O3_90_8h (ug/m3)							
3	_ID	_TYPE	LAT	LONG	Season_DVO3		LOCATION_	STATION_NAME
4	1		36.086	114.32	201701	78.35	安阳	红庙街
5	2		36.061	114.483	201701	96.35	安阳	棉研所
6	3		36.11	114.286	201701	80.05	安阳	铁佛寺
7	4		36.087	114.358	201701	79.65	安阳	银杏小区
8	5		38.8416	115.4612	201701	74.25	保定	地表水厂
9	6		38.8957	115.5223	201701	88	保定	华电二区
10	7		38.8756	115.442	201701	95.45	保定	胶片厂
11	8		38.9108	115.4713	201701	82.45	保定	接待中心
12	9		38.8632	115.493	201701	85.35	保定	游泳馆
13	10		40.0031	116.407	201701	94.75	北京	奥体中心
14	11		40.1952	116.23	201701	68.35	北京	昌平镇
15	12		40.2865	116.17	201701	86.45	北京	定陵
16	13		39.9522	116.434	201701	73.9	北京	东四
17	14		39.9279	116.225	201701	62.7	北京	古城
18	15		39.9425	116.361	201701	138.85	北京	官园
19	16		39.9934	116.315	201701	84.9	北京	海淀区万柳
20	17		40.3937	116.644	201701	87.9	北京	怀柔镇
21	18		39.9716	116.473	201701	73.35	北京	农展馆

JJJ_2+26_O3_Quarterly_Mass_Data

图 11-2　基准年 O_3 监测数据

选择插值监测数据到空间范围，利用模型数据梯度。

选择输出所有达标解决方案。

设置 BC 削减率为 10%。

点击“下一步”按钮进入控制成本和达标寻优输入选项，如图 11-3 所示。

图 11-3　设置达标目标

选择不使用 LE-CO 配置文件。

点击 LE-CO 输入选项右上角的文件按钮 以选择控制因子文件并将其打开。控制因子文件的具体细节如图 11-4 所示。

Region	Pollutant	Source	Limit	Min	Max
A	NOX	TT	0.05	0	1
A	SO2	TT	0.05	0	1
A	NH3	TT	0.05	0	1
A	VOC	TT	0.05	0	1
B	NOX	TT	0.05	0	1
B	SO2	TT	0.05	0	1
B	NH3	TT	0.05	0	1
B	VOC	TT	0.05	0	1
C	NOX	TT	0.05	0	1
C	SO2	TT	0.05	0	1
C	NH3	TT	0.05	0	1
C	VOC	TT	0.05	0	1
D	NOX	TT	0.05	0	1
D	SO2	TT	0.05	0	1
D	NH3	TT	0.05	0	1
D	VOC	TT	0.05	0	1
E	NOX	TT	0.05	0	1
E	SO2	TT	0.05	0	1
E	NH3	TT	0.05	0	1
E	VOC	TT	0.05	0	1
F	NOX	TT	0.05	0	1
F	SO2	TT	0.05	0	1
F	NH3	TT	0.05	0	1
F	VOC	TT	0.05	0	1
G	NOX	TT	0.05	0	1
G	SO2	TT	0.05	0	1
G	NH3	TT	0.05	0	1
G	VOC	TT	0.05	0	1
A	PM25	DUST	0.05	0	1
A	PM25	INPC	0.05	0	1
A	PM25	FXCB	0.05	0	1
A	PM25	OTHER	0.05	0	1
B	PM25	TT	0.05	0	1
C	PM25	TT	0.05	0	1
D	PM25	TT	0.05	0	1
E	PM25	TT	0.05	0	1
F	PM25	TT	0.05	0	1
G	PM25	TT	0.05	0	1

图 11-4 控制因子文件

将步长间隔设为 0.05，最小值设为 0，最大值设为 1。

选择使用遗传算法，并将种群规模设为 100，迭代次数设为 200，而交叉概率和突变概率采取默认值，如图 11-5 所示。

点击文件按钮 选择 RSM 文件并打开。

在 $PM_{2.5}$ 和 O_3 设置区域均将基准年设为 2017，控制年设为 2020，如图 11-6 所示。

图 11-5　设置控制因子信息

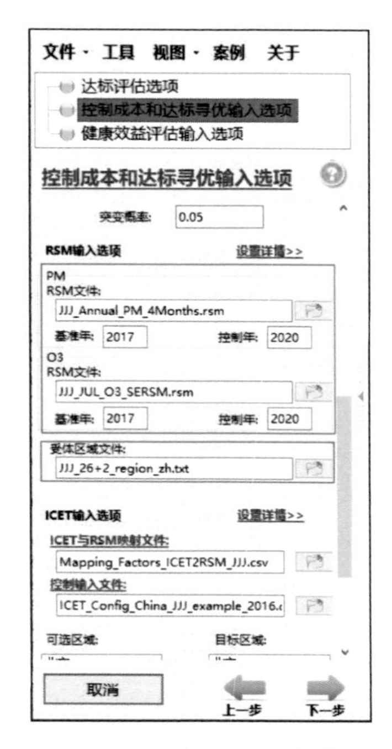

图 11-6　设置 RSM 信息

点击文件按钮  选择受体区域文件并打开。受体区域文件的具体细节如图 11-7 所示。

1 109 105 22.74390732 A 北京
1 110 105 19.06273541 A 北京
1 103 106 48.43827308 A 北京
1 104 106 62.90459689 A 北京
1 105 106 10.82807238 A 北京
1 106 106 0.462168975 A 北京
1 107 106 2.374905129 A 北京
1 108 106 44.38455911 A 北京
1 109 106 99.56265252 A 北京
1 110 106 37.83835854 A 北京
1 101 107 55.72916621 A 北京
1 102 107 91.16987176 A 北京
1 103 107 98.63158198 A 北京
1 104 107 100 A 北京
1 105 107 94.27930909 A 北京
1 106 107 97.00639519 A 北京
1 107 107 94.64642202 A 北京

图 11-7　受体区域文件

点击文件按钮选择 ICET 与 RSM 映射文件并打开。映射文件的具体细节如图 11-8 所示。

	A	B	C	D	E	F	G	H	I	J	K	L
1	Cost_Regi	RSM_Regic	Cost_Sect	RSM_Sectc	Cost_Poll	RSM_Pollutant						
2	北京	A	All	TT	NOx	NOX						
3	天津	B			SO2	SO2						
4	石家庄	C1			NH3	NH3						
5	唐山	C2			VOC	VOC						
6	廊坊	C3			PM25	PM25						
7	保定	C4										
8	沧州	C5										
9	衡水	C6										
10	邢台	C7										
11	邯郸	C8										
12	太原	D1										
13	阳泉	D2										
14	长治	D3										
15	晋城	D4										
16	济南	E1										
17	淄博	E2										
18	济宁	E3										
19	德州	E4										
20	聊城	E5										
21	滨州	E6										

Mapping_Factors_ICET2RSM_JJJ

图 11-8　映射文件

点击文件按钮选择控制输入文件并打开，如图 11-9 所示。控制输入文件的具体细节如图 11-10 所示。

图 11-9　映射文件和控制输入文件

	A	B	C	D	E	F	G	H	I	J	K	L
1	Region/Sector/Pollutant Control Setup & Input:						Control Cost Setup & Input:					
2		Currency	RMB	Emissions	Ton							
3												
4	Available	Control_F	Control_S	Control_F	Control(%)		Region	Sector	Pollutant	Current_E	Cost_Esti	Cost_Unit(¥
5	北京	北京	All	NOx	40.5		北京	All	NOx	119412	3.3	641.5566
6	天津	北京	All	SO2	45.08			All	NOx	119412	4.5	732.5203
7	石家庄	北京	All	NH3	0			All	NOx	119412	5.2	811.0773
8	唐山	北京	All	VOC	29.7			All	NOx	119412	5.3	1020.66
9	廊坊	北京	All	PM25	38.06			All	NOx	119412	9.4	1820.91
10	保定	天津	All	NOx	38.48			All	NOx	119412	46.9	8738.933
11	沧州	天津	All	SO2	28.4			All	NOx	119412	48.9	9146.607
12	衡水	天津	All	NH3	0			All	NOx	119412	49.6	9288.53
13	邢台	天津	All	VOC	29.7			All	NOx	119412	49.7	9336.637
14	邯郸	天津	All	PM25	49.8			All	NOx	119412	71.5	14651.71
15	太原	石家庄	All	NOx	39.3			All	NOx	119412	95.1	21019.61
16	阳泉	石家庄	All	SO2	14.72			All	SO2	23044	0.4	145.1991
17	长治	石家庄	All	NH3	0			All	SO2	23044	4.7	181.355
18	晋城	石家庄	All	VOC	29.7			All	SO2	23044	10	551.7163
19	济南	石家庄	All	PM25	43.64			All	SO2	23044	12.7	619.4088
20	淄博	唐山	All	NOx	39.3			All	SO2	23044	66.2	2417.554
21	济宁	唐山	All	SO2	14.72			All	SO2	23044	67.2	2422.552

ICET_Config_China_JJJ_example_2

图 11-10　控制输入文件

从可选区域列的 7 个选项中选择一个或多个，如图 11-11 所示，然后单击按钮 >> ，所选选项将出现在目标区域列中，如图 11-12 所示。

图 11-11　可选区域

图 11-12　目标区域

点击“下一步”按钮进入健康效益评估输入选项，如图 11-13 所示。

点击并打开与聚合网格定义文件、健康影响函数配置文件或其结果文件和 APV 配置文件或其结果文件相对应的文件按钮，如图 11-13 所示。

图 11-13 设置健康效益评估信息

点击“下一步”按钮，将会出现如图 11-14 所示界面，选择“确定”保存并运行项目。

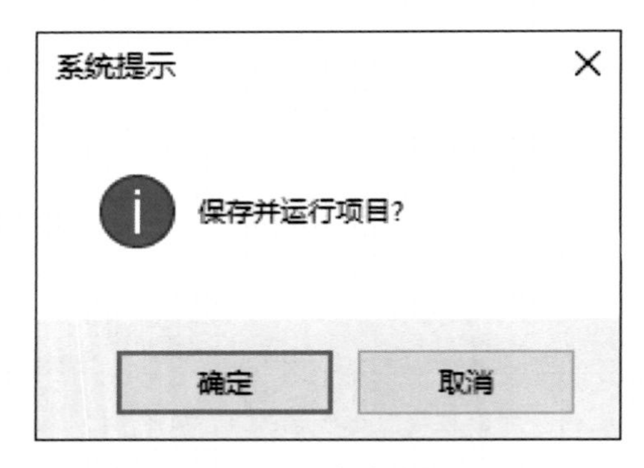

图 11-14 保存并运行项目

11.3　分析结果

11.3.1　达标评估

直接比较分析基于监测数据的不同地区污染物基准值和预测值之间的差异。例如，图 11-15 中沧州的基准值约为 70.8%，其预测值（控制年）约为 60.0%。

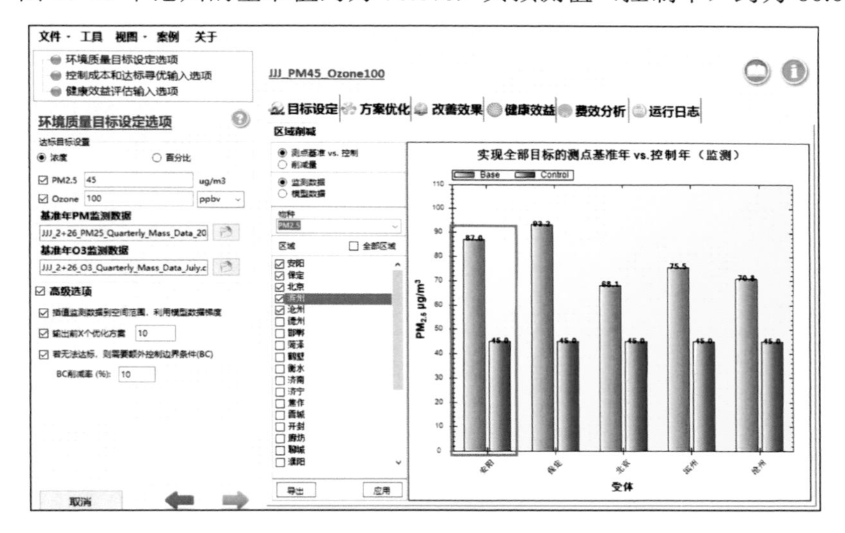

图 11-15　达标评估的图表结果

11.3.2　策略优化

从图 11-16 中我们可以看到最终与 5 个达标情景对应的 $PM_{2.5}$ 的浓度贡献分布图，以及每个情景下污染物的最小浓度值和最大浓度值。

从图 11-17 中我们可以看到最终与 5 个达标情景对应的每个监测站点污染物的达标情况。例如，情景 1 中的红点均表示对应监测站点的污染物超标。

从图 11-18 中我们可以直接查看不同情景和监测站点对应的污染物的基准值和预测值之间的削减量。

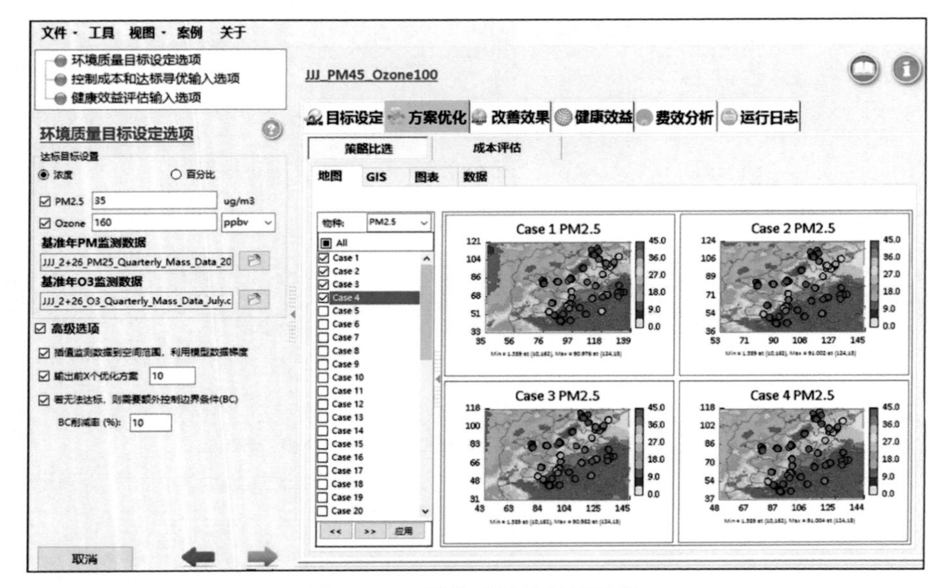

图 11-16 优化决策的地图结果

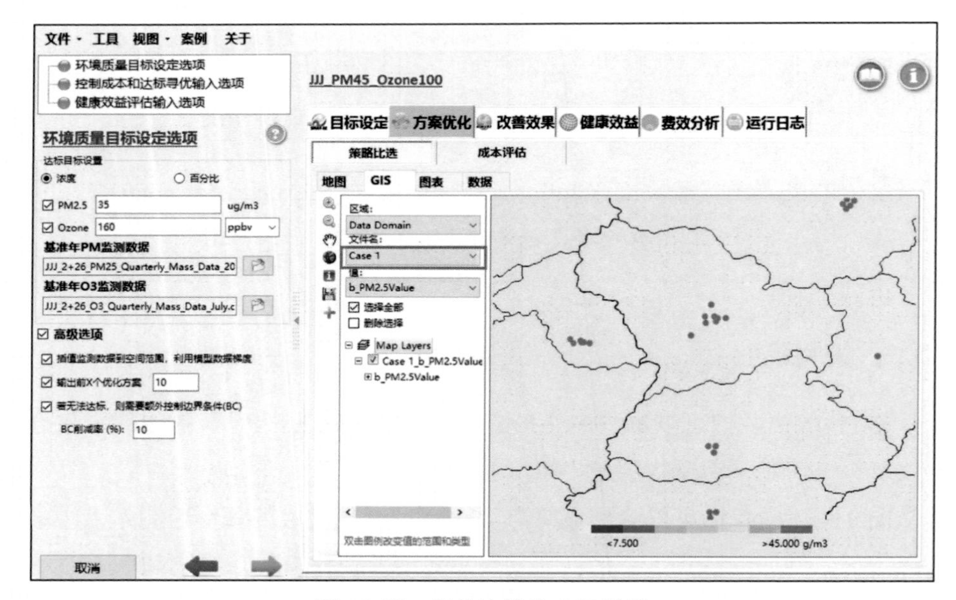

图 11-17 优化决策的 GIS 结果

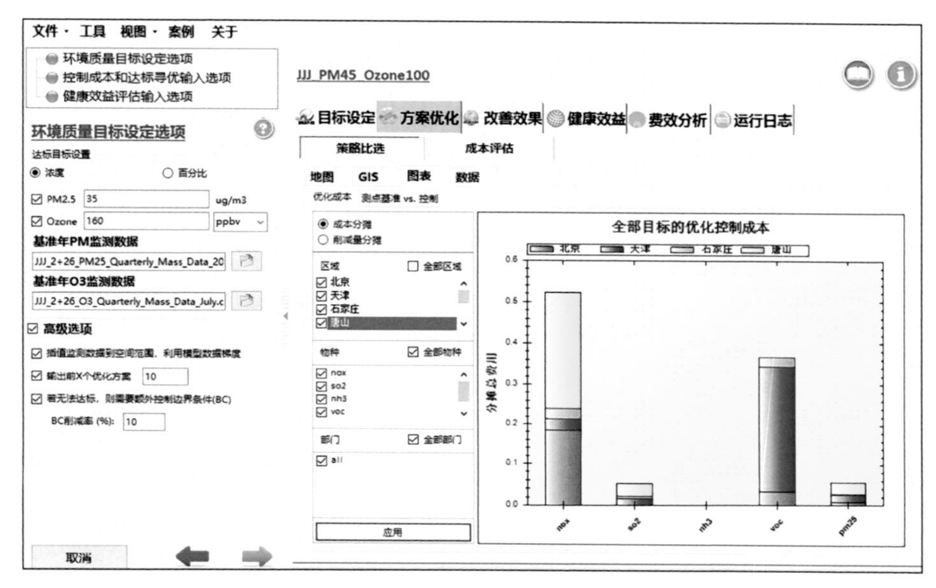

图 11-18 优化决策的图表结果

从图 11-19 中我们可以查看更多有关每个达标情景的详细信息。例如，在总体信息中，情景 1 $PM_{2.5}$ 的达标率约为 100%，$PM_{2.5}$ 的平均浓度约为 48.48 μg/m^3 等。

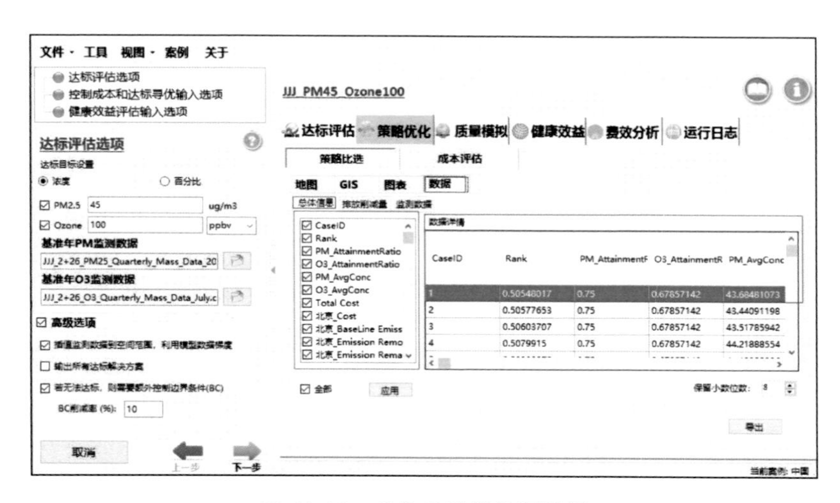

图 11-19 优化决策的数据结果

11.3.3 成本评估

从图 11-20 中我们可以查看更多有关削减总成本、每种污染物的总削减成本和基准年排放量的信息。

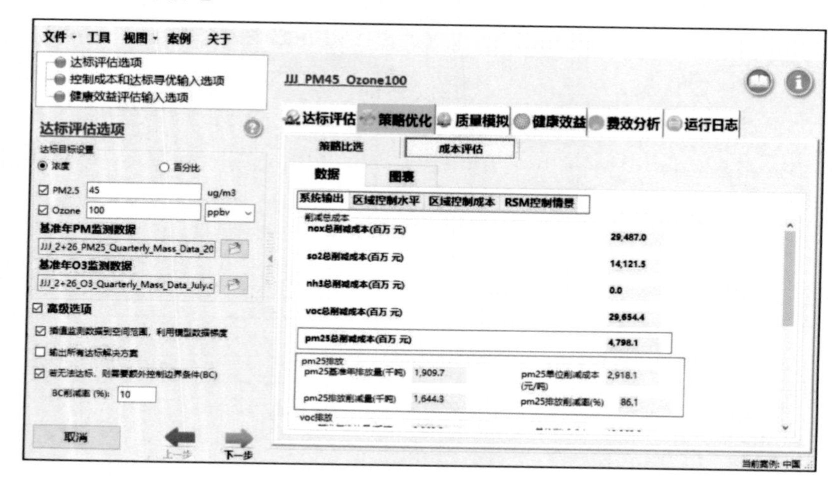

图 11-20 成本评估的数据结果

从图 11-21 中我们可以直接查看不同污染物在不同地区的排放量和控制成本之间的比较。

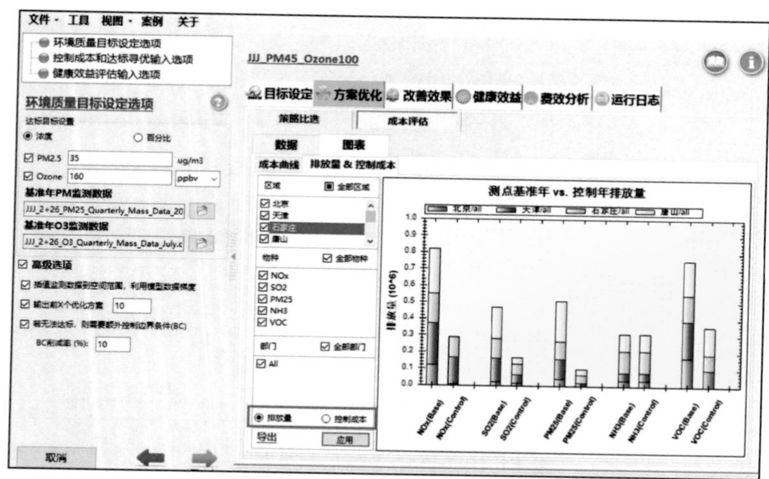

图 11-21 成本评估的图表结果

11.3.4　质量模拟

从图 11-22 中我们可以直观地看到与减排控制实时响应的 $PM_{2.5}$ 浓度的分布地图。

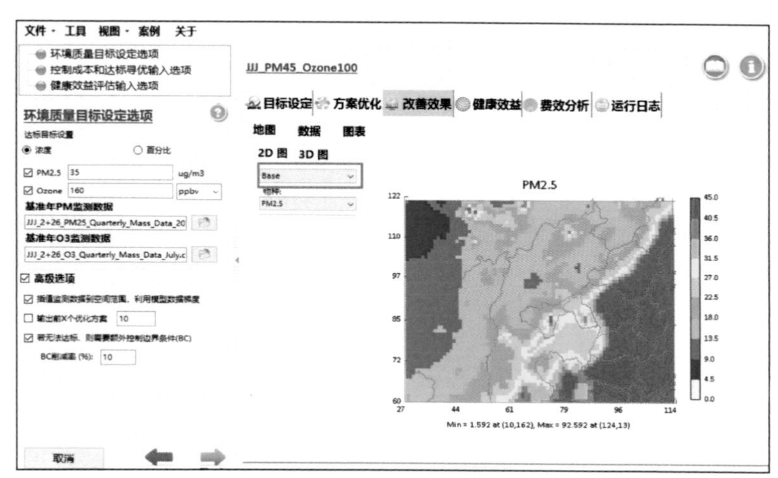

图 11-22　质量模拟的浓度图结果

从图 11-23 中我们可以查看更多与减排效果相关的详细信息。

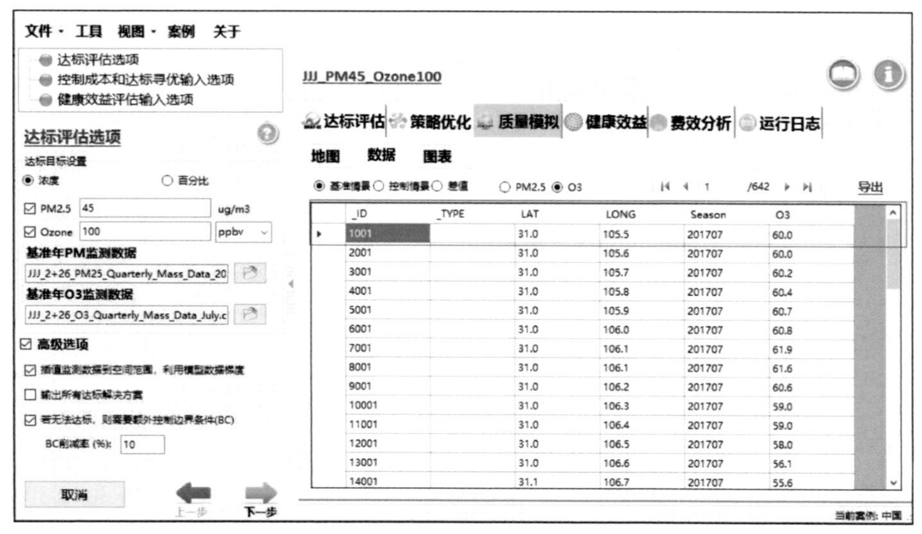

图 11-23　质量模拟的数据表结果

从图 11-24 中我们可以直接看到减排控制措施下的减排效果。例如，通过测点均值（3×3）计算得到的 $PM_{2.5}$ 在北京的削减量约为 11.0 μg/m^3。

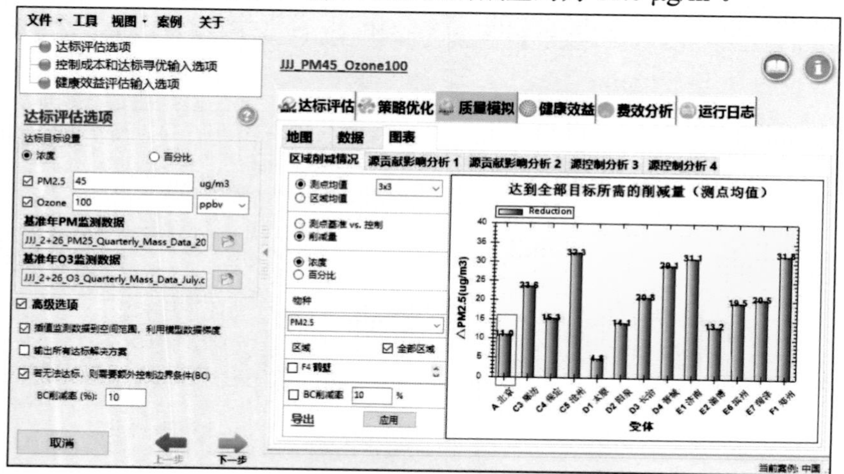

图 11-24 质量模拟的图表结果

11.3.5 健康效益

从图 11-25 中我们可以看到与不同地区致死人数和健康价值对应的分布地图。

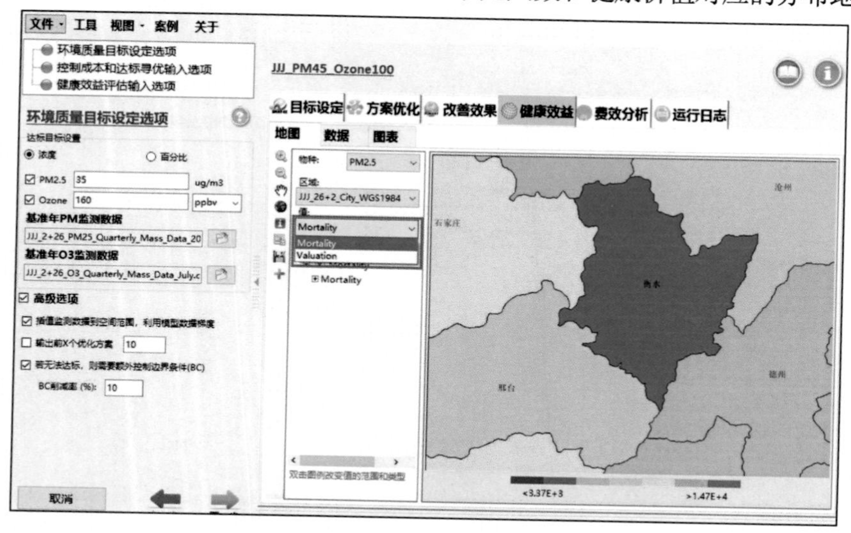

图 11-25 健康效益的地图结果

从图 11-26 中我们可以查看更多的详细信息，包括效益、致死人数、低效益、中效益、高效益等。

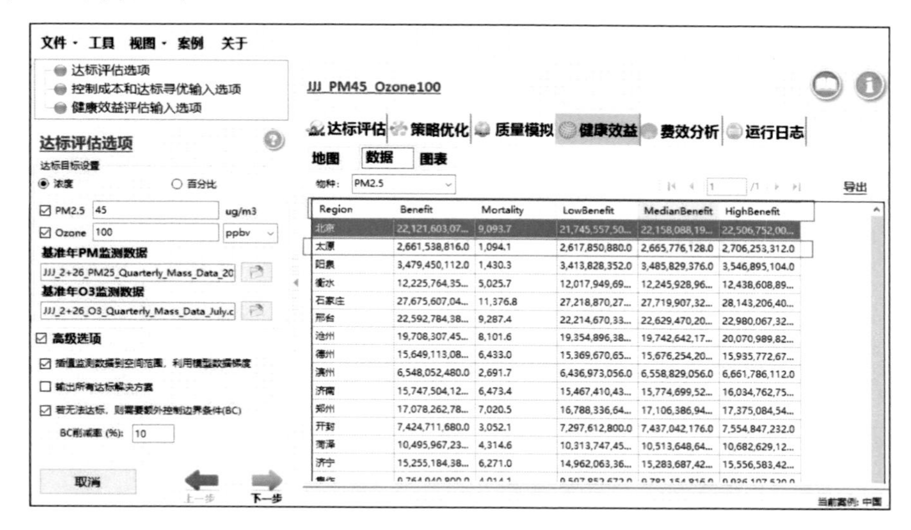

图 11-26　健康效益的数据结果

从图 11-27 中我们可以直接比较分析不同地区/城市的致死人数和健康价值。

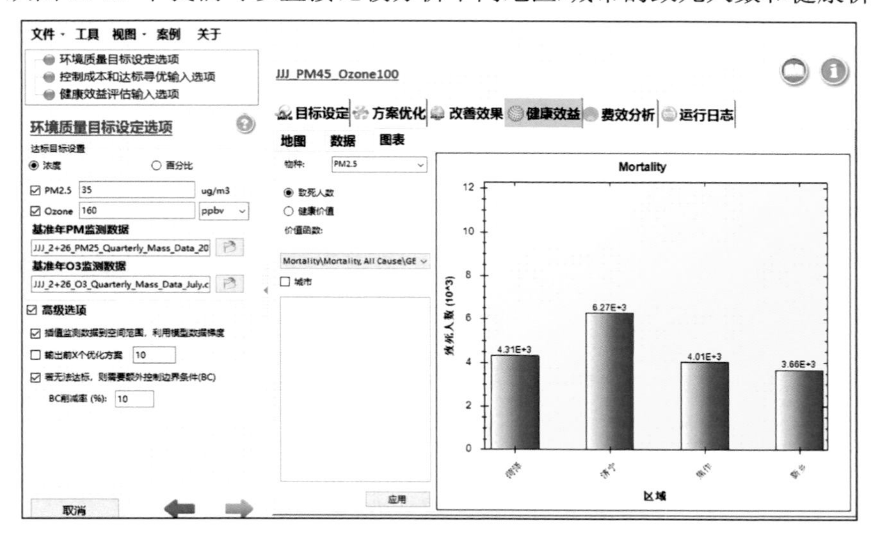

图 11-27　健康效益的图表结果

11.3.6 费用效益分析

从图 11-28 中我们可以看到对 $PM_{2.5}$ 和 O_3 采取有效控制措施后所得到的总效益/成本比率约为 5.1。

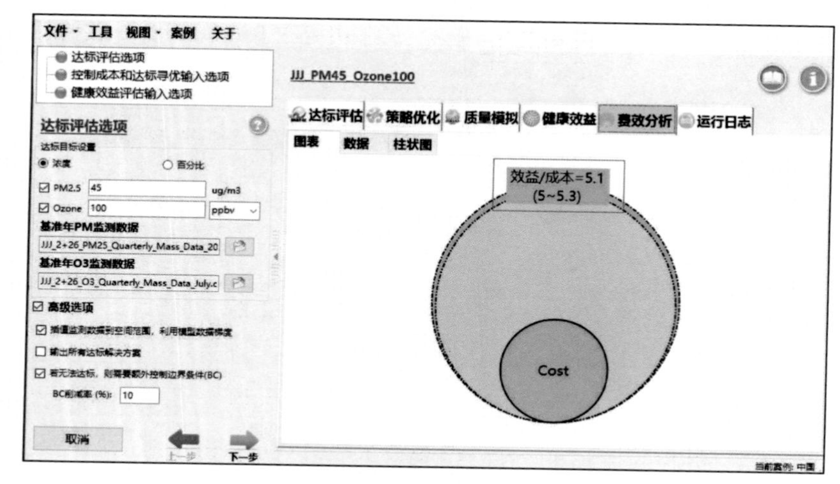

图 11-28 费用效益分析的图表结果

从图 11-29 中我们可以查看更多的详细信息，包括成本、效益、效益/成本比率等。例如，太原的效益/成本比率约为 3.1。

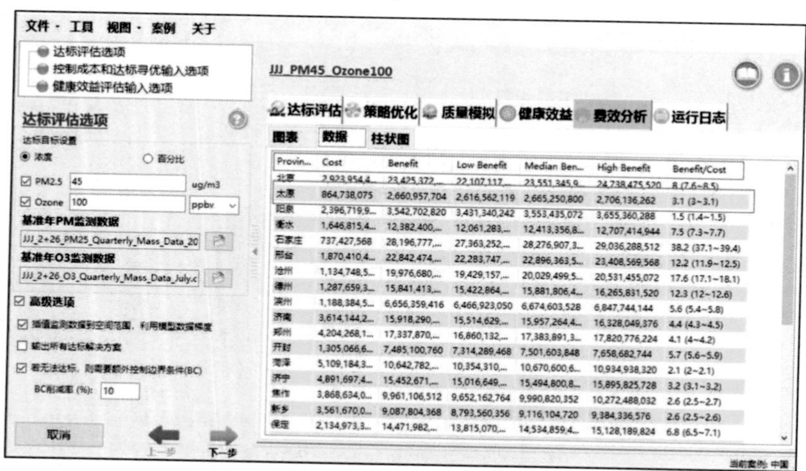

图 11-29 费用效益分析的数据结果

从图 11-30 中我们可以更直观地查看不同地区/城市的效益/成本比率。

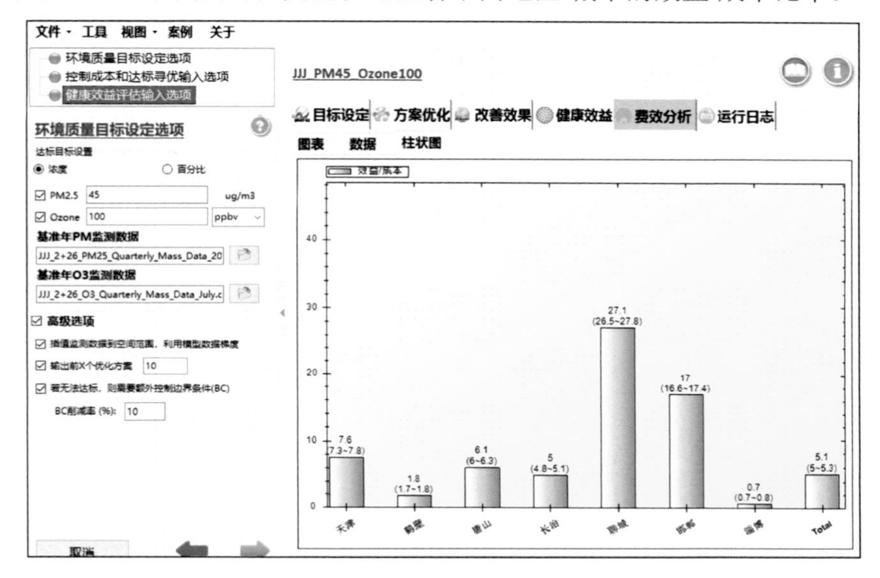

图 11-30　费用效益分析的柱状图结果

第4部分

基于总量减排目标的费用效益评估模型操作指南

第 12 章　基于总量减排目标的费用效益评估模型系统概述

基于总量减排目标的费用效益评估模型（ICBA-AIR）是由空气质量动态响应模型、大气污染防治动态情景系统、社会经济费用效益评估模型、健康效益评估模型、达标评估模型、空气质量数据融合工具、空气质量模型可视化工具 7 个独立的工具组成的集成化工具。它为科学家提供了一个用户友好的系统化框架，能实现“经济发展-能源消耗-防控措施-污染排放-空气质量-人群健康”的系统化评估。

（1）空气质量动态响应模型

空气质量动态响应模型（RSM-VAT）是基于 CMAQ 模型模拟的结果，通过构建可控人为排放源排放控制因子与污染物的环境浓度的实时响应面模型实现相邻行政区域不同控制情景（减排策略下的环境浓度实时响应、可视化展示和数据分析等）功能。通过对相邻的不同区域、不同污染源、不同控制水平的空气质量环境效益的比较，优化减排策略。系统可根据高维克里金插值或多项式插值数理统计实验要求，以及相邻各区域可控源的减排潜力，设计实验控制因子，并采样生成一定数量的控制情景矩阵，运用 CMAQ 模型模拟得到控制情景矩阵对应的环境污染物浓度，然后建立排放控制情景与污染物（如 $PM_{2.5}$、O_3 等）环境浓度的高维连续非线性响应曲面模型，借助所建立的高维连续非线性响应曲面模型可以实时模拟实验空间范围内任意排放控制组合情景下的空气质量状况，并可进行各控制因子对质量影响的敏感度分析。

（2）大气污染防治动态情景系统

大气污染防治动态情景系统将基于涵盖本地化的所有行业和所有类别污染物的减排政策、技术措施与控制措施数据库，整合各类污染源数据、污染源在线监测数据、环境管理信息与加密网格化监测数据的长效措施库，借助“减排与空气质量快速响应”关系，构建本地化的控制措施—污染减排—空气质量快速响应关系，实现从措施到减排量的动态化和可视化管理，并为空气质量模型提供动态排放输入数据。

（3）社会经济费用效益评估模型

社会经济费用效益评估模型（ICET）将集成本地化的经济—能源情景数据库、末端治理数据库以及气候驱动下的能源与末端技术的边际成本优化技术，建立适用于本地的边际成本曲线，可以为未来年份控制情景评估对应的排放削减量及相应的控制成本，并生成控制情景实施后的排放清单。

（4）健康效益评估模型

健康效益评估模型（BenMAP-CE）基于涵盖发病率，过早死亡率数据、健康影响函数和产量影响函数的健康终端的经济价值数据库、暴露反应模型以及包含人口分布数据、污染物监测数据、农作物种类数据的基础数据库，对环境浓度下的人群及农作物暴露水平进行量化，将空气污染的健康损害及农作物产量损失进行货币化，建立排放控制-环境收益的非线性动态响应关系，可以评估多种减排措施组合对于人体健康效益和农作物产量的影响。

（5）达标评估模型

达标评估模型（SMAT-CE）综合利用以 CMAQ 为代表的区域大气模型数据和各空气质量自动监测点的空气质量浓度以及各成分浓度的监测数据，通过空间插值的方法实现对历史和现状的真实反演及模型的预测功能，相应的输出结果为不同减排方案下各个监测点的未来浓度值以及网格化的污染物空间浓度值，可以评估不同减排方案下的空气质量测点浓度是否能达到空气质量标准，筛出达标/符合减排潜力的方案，从而为各级生态环境管理部门实现空气质量达标分析提供核心技术支撑。

（6）空气质量数据融合工具

空气质量数据融合工具可将减排方案/措施/重点减排工程以及涉及行政处罚减排效果的优化评估结果，与遥感、监测、网格化加密监测、人口、污染源排放等本地化数据融合叠加，进行可视化时态数据挖掘和关联分析，以更真实动态推演“环境质量改善与污染减排任务量的关系”问题。

（7）空气质量模型可视化工具

空气质量模型可视化工具是一个灵活的模块可视化软件工具，允许用户对基于环境模型系统创建的多元网格环境模型文件进行可视化分析，如多尺度空气质量（CMAQ）模型系统和天气研究与预测（WRF）模型系统。通过 Model-VAT，用户可以对这些模型系统生成的网格化浓度和沉积场结果文件在空间和时间上进行数据的可视化分析和比较，从而辅助模型使用者进行数据分析。空气质量模型可视化工具也引入了在线地图、R 语言脚本作图，强化了用户的界面操作友好度，新增了对多种不同尺度、不同投影的模型数据解析及对比功能，并提供一种在异构平台间的快速数据传输服务。

12.1　流程框架

基于总量减排目标的费用效益评估模型（ICBA-AIR）通过使用后台脚本的方式按顺序地访问并运行成本评估输入选项、空气质量模拟输入选项、达标评估输入选项、效益评估输入选项 4 个子模块。“空气质量动态响应模型”集成响应曲面模型以及空气质量目标及减排目标反算技术，通过联合应用“达标评估模型”和“大气污染防治动态情景系统”实现基于空气质量目标的污染物减排量反算及批量减排方案快速筛选这一核心功能。用户输入不同环境目标，可经由“达标评估模型”国控点基准年空气质量监测及模拟数据，推演得到目标年网格化空气质量连续浓度分布；该浓度流入“空气质量动态响应模型”后经由区域多尺度减排-空气质量动态响应曲面模型反算得到各区域不同行业、不同污染物的减排量，反算结果将进一步流入“大气污染防治动态情景系统”评估是否小于或等于给定区域及行业的最大减排潜力，最终得到技术可行、空气质量目标可达的区域减排优化措施组合方案。用户也可选择经由“大气污染防治动态情景系统”批量生成小于或等于给定区域及行业的最大减排潜力的减排方案，这些方案经由“空气质量动态响应模型”快速生成对应网格化空气质量连续浓度分布，最终流入“达标评估模型”筛选得到满足空气质量目标的可行方案。通过上述反算与正算过程筛选得到的满足空气质量目标的减排量分配方案与减排技术路径，形成本地化控制区域、控制部门、污染物信息和不同区域、不同部门、不同污染物的削减比例等排放削减动态情景。该优化后的控制情景经社会经济成本系统（ICET）计算出未来年份采取的污染控制措施所带来的排放成本；然后空气质量动态响应模型（RSM-VAT）利用社会经济成本系统（ICET）中的排放削减量，结合一系列的模型运算，得出实时空气质量随着污染排放量变化而变化的快速响应曲面；接下来由达标评估模型（SMAT-CE）结合各站点的监测值对从空气质量动态响应模型（RSM-VAT）中得到的模拟值进行校准，并评估使用该特定减排方案能否实现空气质量达标的要求；随后，健康效益评估模型（BenMAP-CE）可以通过从达标评估模型（SMAT-CE）中生成的空气质量表面来估算空气质量改善带来的健康效益与经济效益，进而筛选出效益/成本最优减排方案，从而为生态环境部门筛选不同环境目标下的基于成本效益最优化的多污染物协同控制技术途径提供科学工具和数据支撑。最后，“空气质量数据融合工具”可将上述对减排方案/措施/重点减排工程以及涉及行政处罚减排效果的优化评估结果，与遥感、监测、网格化加密监测、人口、污染源排放等本地化数据融合叠加，进行可视化时态数据挖掘和关联分析，以更真实动态推演“环境质量改善与污染减排任务量的关系”问题。

基于总量减排目标的费用效益评估模型在设计上采用了用户友好型的图形界面，为科研工作者查看和分析这些评估结果带来了很大便利。

12.2 基于总量减排目标的费用效益评估模型的安装

本节描述了安装基于总量减排目标的费用效益评估模型软件的设备最低配置要求，并简要介绍了系统的安装步骤以及需要准备的数据。

12.2.1 最低配置要求

推荐屏幕分辨率：1024×768 px；字体大小：normal。

最低系统环境：

CPU	Intel，Duo-Core，1.6 GHz
内存（RAM）	2 GB
可用磁盘空间	10 GB
操作系统	32-Bit Windows 7

推荐系统环境：

CPU	Intel，Quad-Core，3 GHz
内存（RAM）	4 GB
可用磁盘空间	10 GB
操作系统	64-Bit Windows 7

12.2.2　安装和数据准备

安装之前，请先卸载已安装的旧的基于总量减排目标的费用效益评估模型版本。双击“基于总量减排目标的费用效益评估模型应用安装程序（.exe）”开始进行安装，即会显示安装向导窗口，点击“下一步”，按照提示操作直至完成系统的安装。

安装完成后，解压相应的基于总量减排目标的费用效益评估模型输入数据包，该数据包解压后目录结构如下所示。

```
              |----Base_map
Data          |----Configuration
              |----Example
              |----Shapefiles
```

顶级目录：Data

子目录共 4 个：Base_map、Configuration、Example、Shapefiles。

需要将解压后“Data”文件夹下的 4 个子文件夹复制或移动到此目录下“C:\Users\用户名\Documents\My ICBA Files\Data*”（如 C:\Users\Administrator\Documents\My ICBA Files\Data*）。

第 13 章　基于总量减排目标的费用效益评估模型核心功能

基于总量减排目标的费用效益评估模型的主界面如图 13-1 所示。

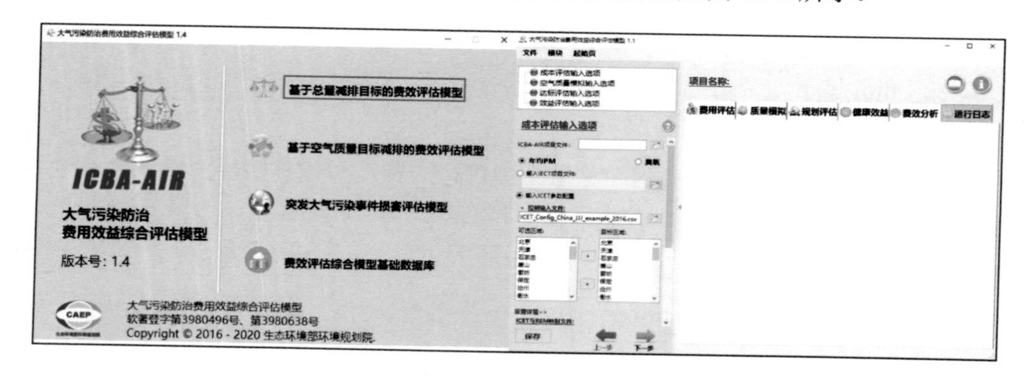

图 13-1　大气污染防治费用效益综合评估模型主界面

在主界面的左侧是 4 个独立的输入选项（成本评估输入选项、空气质量模拟输入选项、达标评估输入选项，效益评估输入选项）。用户可根据需求单击并运行这 4 个独立的输入选项。

如图 13-2 所示，窗口顶端有“文件”“模块”“起始页”3 个选项。

图 13-2　基于总量减排目标的费用效益评估模型主界面

“文件”选项下包括“新建项目”“打开项目”“保存项目”“选项”“案例设置”“示例案例”“退出”共 7 个功能菜单。

新建项目：用户可以清空当前设置，创建一个新的项目。

打开项目：用户可以打开已完成的项目文件（*.projx），查看和分析当前项目的结果。如图 13-3 所示，系统内置了各类项目，用户可以根据需要选择里面的项目文件（*.projx）进行查看和分析。

保存项目：用户可以保存当前项目的设置。

选项：设置菜单选项来修改基于总量减排目标的费用效益评估模型各个子系统的运行路径及数据存放路径。其中，如果用户系统盘空间容量不足，可以通过设置数据存放路径，把用户 Documents 目录下的 My ICBA Files 迁移到指定的数据存放路径。

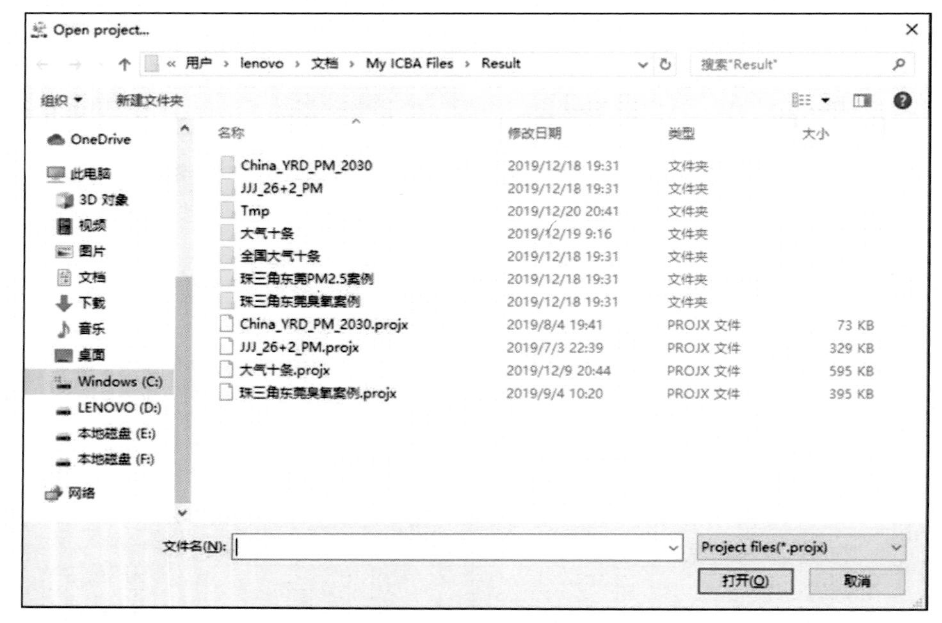

图 13-3 打开项目

案例设置：正常情况下，用户每运行一个项目，都需要设置 4 个模块（ICET、RSM/CMAQ、SMAT-CE、BenMAP）的输入文件和对应参数，每次从头设置就会显得烦琐，通过这个模块，用户可以选择对应的项目文件配置文件（*.xml），这样系统切换到每个模块都会加载这个配置文件设置好的路径，无须用户再一一选取和设置。如图 13-4 所示，共有 6 个配置路径，分别对应“中国”“美国”“其他”3 个案例的 $PM_{2.5}$ 和 O_3 情景。如当前案例选择“中国”，目标分析物种为 $PM_{2.5}$，则用户只需设置“China $PM_{2.5}$ Configuration”下的配置即可。用户通过点击该配置下面的“浏览”按钮，选择对应配置文件，点击“OK”退出，然后点击“文件”下的“新建项目”案例刷新当前页面，即可加载刚刚设置的配置文件的相应参数和路径。如图 13-5 所示，系统内置了 6 个案例的配置文件，用户可以根据自己当前的案例选择不同的配置文件，进行运行。当然，用户也可以直接通过“打开”项目加载这几个案例的结果进行查看和分析。

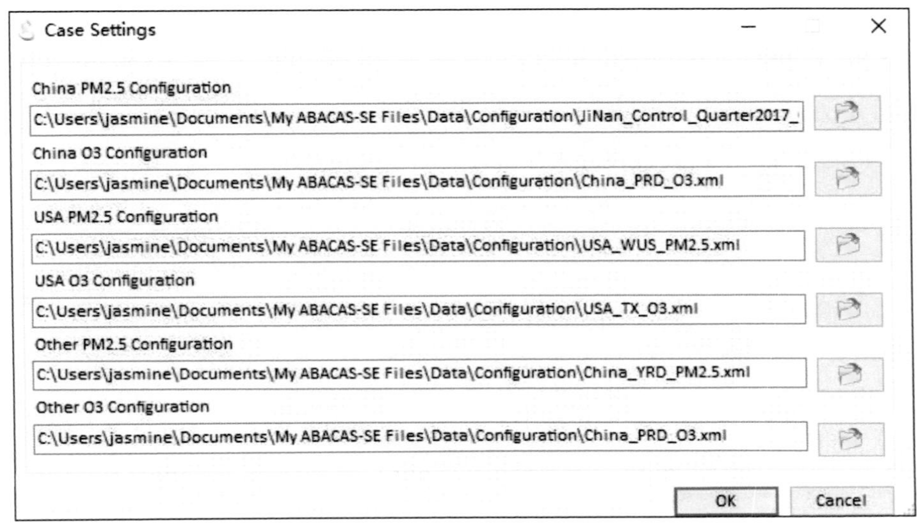

图 13-4　案例配置设置

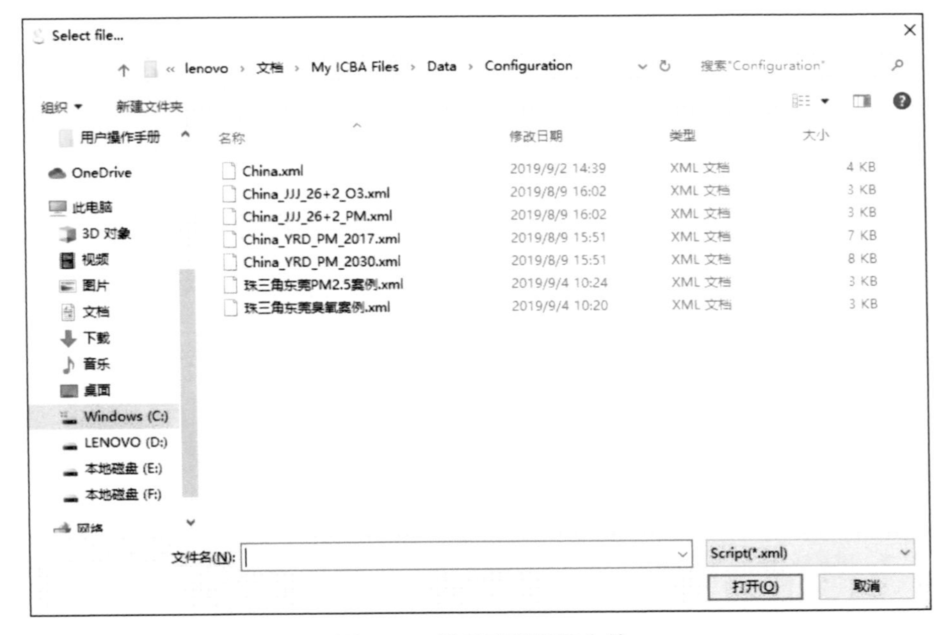

图 13-5　选择案例设置文件

“模块”选项下可直接运行 6 个独立的基于总量减排目标的费用效益评估模型工具。

“案例”选项下可选择不同的案例情景，当前共有“中国”“美国”“其他”3 个选项，用户可根据自己所在的地区进行选择，如不属于其中一个国家，可以选择“其他”进行设置。默认案例为中国。

“起始页”选项可以直接返回基于总量减排目标的费用效益评估模型主界面。

位于窗口左上方的小窗口中有 4 个输入选项，如图 13-6 所示。如果有未设置选项或设置错误选项，选项前的圆形图标将会显示不同颜色，灰色代表未进行选项设置，黄色代表未准备运行，绿色代表已准备运行。

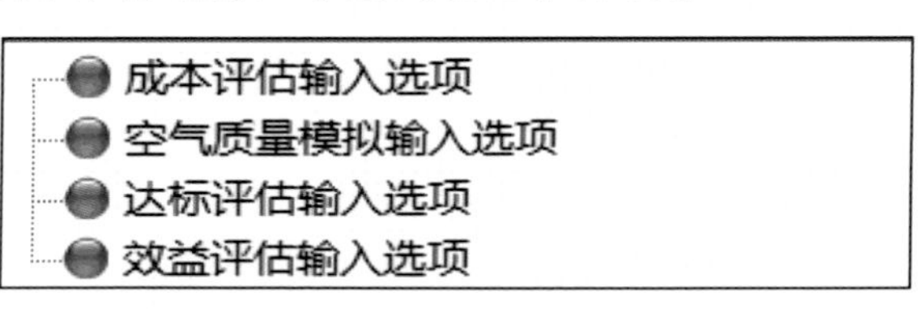

图 13-6 输入选项窗口

13.1 成本评估输入选项

成本评估输入选项的第一步是选择年均 $PM_{2.5}$ 或 O_3 物种。随后用户可选择输入已运行的 ICET 项目文件或者新建 ICET 文件。

13.1.1 输入已运行的 ICET 项目文件

单击输入已运行的 ICET 项目文件后的“文件”按钮，用户可导入 ICET 工具所生成的 ICET 项目文件。

13.1.2 新建 ICET 文件

以选择年均 $PM_{2.5}$ 情景为例。单击新建 ICET 文件后的“文件”按钮来创建一个新的 ICET 项目文件，该文件包括控制输入文件、映射文件和污染物控制 3 部分。

单击“控制输入文件”按钮，选择一个控制输入文件并将其打开（图 13-7）。控制输入文件内容如图 13-8 所示（打开的文件为 ICET_Config_China_JJJ_ example_ 2016）。

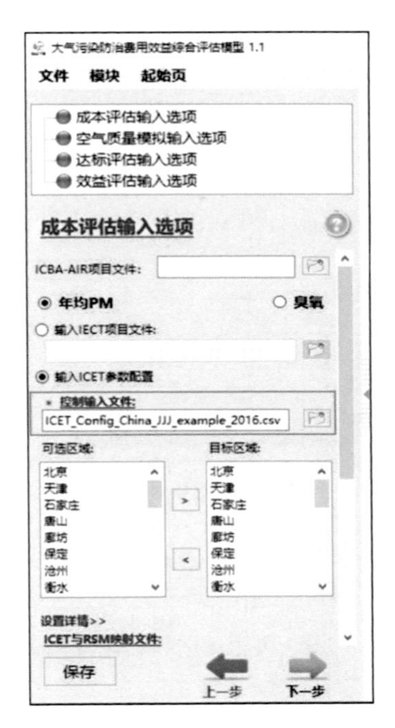

图 13-7　打开控制输入文件

	A	B	C	D	E	F	G	H	I	J	K	L
1	Region/Sector/Pollutant Control Setup & Input:						Control Cost Setup & Input:					
2		Currency	RMB	Emissions	Ton							
3												
4	Available	Control_F	Control_S	Control_F	Control(%)		Region	Sector	Pollutant	Current_E	Cost_Esti	Cost_Unit(¥
5	北京	北京	All	NOx	40.5		北京	All	NOx	119412	3.3	641.5566
6	天津	北京	All	SO2	45.08			All	NOx	119412	4.5	732.5203
7	石家庄	北京	All	NH3	0			All	NOx	119412	5.2	811.0773
8	唐山	北京	All	VOC	29.7			All	NOx	119412	5.3	1020.66
9	廊坊	北京	All	PM25	38.06			All	NOx	119412	9.4	1820.91
10	保定	天津	All	NOx	38.48			All	NOx	119412	46.9	8738.933
11	沧州	天津	All	SO2	28.4			All	NOx	119412	48.9	9146.607
12	衡水	天津	All	NH3	0			All	NOx	119412	49.6	9288.53
13	邢台	天津	All	VOC	29.7			All	NOx	119412	49.7	9336.637
14	邯郸	天津	All	PM25	49.8			All	NOx	119412	71.5	14651.71
15	太原	石家庄	All	NOx	39.3			All	NOx	119412	95.1	21019.61
16	阳泉	石家庄	All	SO2	14.72			All	SO2	23044	0.4	145.1991
17	长治	石家庄	All	NH3	0			All	SO2	23044	4.7	181.355
18	晋城	石家庄	All	VOC	29.7			All	SO2	23044	10	551.7163
19	济南	石家庄	All	PM25	43.64			All	SO2	23044	12.7	619.4088
20	淄博	唐山	All	NOx	39.3			All	SO2	23044	66.2	2417.554
21	济宁	唐山	All	SO2	14.72			All	SO2	23044	67.2	2422.552

ICET_Config_China_JJJ_example_2

图 13-8　控制输入文件

如图 13-9 所示，打开控制输入文件后，用户可根据自己的需求从可选区域列表中提取出特定区域到目标区域列表中。

图 13-9 可用地区和已选择地区

映射文件用于将 ICET 中的地区、污染物、污染源与 RSM 链接在一起，映射文件的内容如图 13-10 所示，此处展示默认文件。

	A	B	C	D	E	F
1	Cost_Regi	RSM_Regi	Cost_Sect	RSM_Sect	Cost_Poll	RSM_Pollutant
2	北京	A	All	TT	NOx	NOX
3	天津	B			SO2	SO2
4	石家庄	C1			NH3	NH3
5	唐山	C2			VOC	VOC
6	廊坊	C3			PM25	PM25
7	保定	C4				
8	沧州	C5				
9	衡水	C6				
10	邢台	C7				
11	邯郸	C8				
12	太原	D1				
13	阳泉	D2				
14	长治	D3				
15	晋城	D4				
16	济南	E1				
17	淄博	E2				
18	济宁	E3				
19	德州	E4				
20	聊城	E5				
21	滨州	E6				

Mapping_Factors_ICET2RSM_JJJ

图 13-10 映射文件

在污染物控制列表中，用户可以设置已选中区域中不同污染源、不同污染物的污染物减排率（图 13-11）。

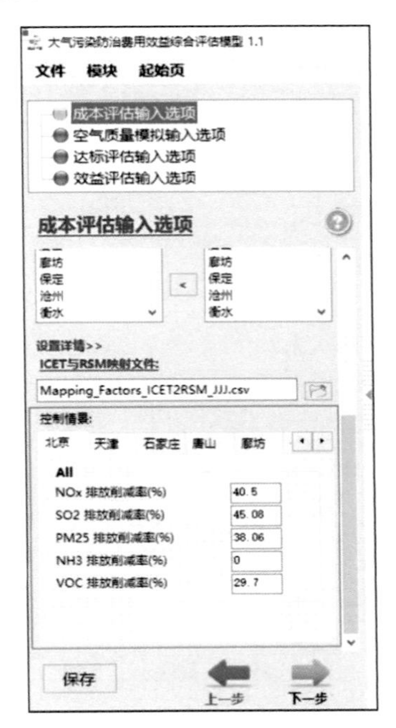

图 13-11　污染物控制

如此用户便创建了一个新的 ICET 项目文件，点击“下一步”继续下一步操作。用户也可以通过点击“上一步”按钮或双击位于左上角小窗口中的节点直接跳转至之前的页面。

如图 13-11 所示，成本评估输入选项的节点由灰色变为黄色。

13.2　空气质量模拟输入选项

通过空气质量模拟输入选项，用户可以选择使用 RSM 数据或 CMAQ 数据作为输入文件。

13.2.1 质量模拟文件选项

在选择使用 RSM 数据选项后，用户应该选择一个已经预先运行的 rcfg 文件。在该选项下，用户可以自由设定基准年和控制年限（图 13-12）。该选项需要提前创建 RSM 文件方可使用。目前，还没有相关 RSM 文件，所以基于总量减排目标的费用效益评估模型暂不支持运行 RSM 数据。

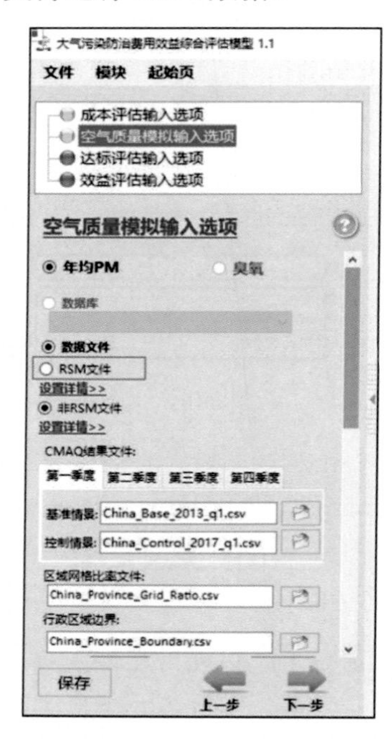

图 13-12 导入预先运行的 RSM rcfg 文件

13.2.2 导入预先处理好的 CMAQ 格式文件

如图 13-13 所示，选择使用非 RSM 文件选项，用户可以打开预先处理好的 CMAQ 格式文件（第一季度、第二季度、第三季度和第四季度）。基准年和控制年限都允许用户自己设置。

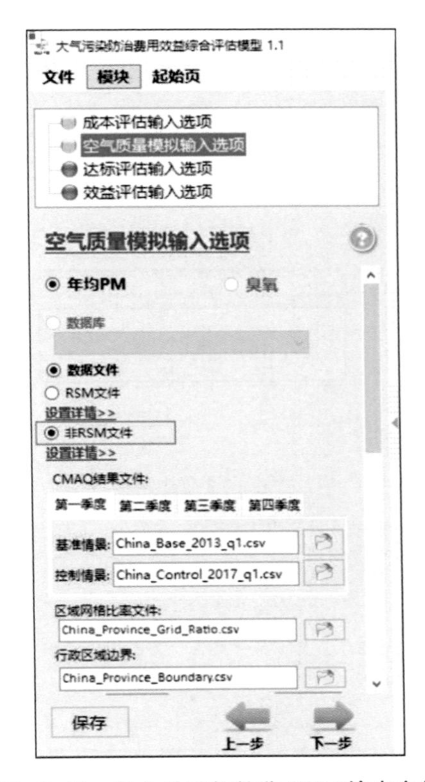

图 13-13 导入处理好的非 RSM 输出文件

在“非 RSM 文件”选项下，“区域网格比率文件”和“行政区域边界”是两个不可或缺的输入文件。

“区域网格比率文件”定义了被分析城市所占网格率。网格率代表该网格在所分析城市覆盖面积的百分比。例如，若某一城市包含整个网格，那么该网格在该城市的网格率为 100%。文件网络需提前用 ArcGIS 工具创建好，网格创建参照 ArcGIS 工具使用指南，在此不赘述。

图 13-14、图 13-15 所示为 Quarter1 中 CMAQ 的输出表格文件样例，仅供用户参考。

A	B	C	D	E	F	G	H	I	J	K	L	M
Quarter_ID	_TYPE	LAT	LONG	Quarter	Crustal	NH4	SO4	EC	NO3	OC	PM25	CM
1001		35.20953	115.0842	2017	17.23976	9.620172	7.828459	2.030877	29.76761	8.695949	79.30741	9.414215
2001		35.20898	115.1172	2017	16.97653	9.646945	7.779255	2.024824	29.85847	8.68715	79.2215	9.139824
3001		35.20843	115.1503	2017	16.8089	9.597657	7.710597	1.967841	29.71278	8.602593	78.58144	9.064636
4001		35.20787	115.1833	2017	16.63669	9.607038	7.655711	1.954833	29.75199	8.581412	78.38746	9.021851
5001		35.2073	115.2164	2017	16.53943	9.606801	7.618063	1.94305	29.76559	8.558146	78.23031	8.999641
6001		35.20672	115.2495	2017	16.50099	9.593585	7.584372	1.933797	29.71828	8.527377	78.0304	9.021927
7001		35.20613	115.2825	2017	16.53359	9.608338	7.585133	1.938017	29.77434	8.540391	78.15371	9.148331
8001		35.20554	115.3156	2017	16.5498	9.599133	7.573589	1.938818	29.77251	8.531758	78.1323	9.216187
9001		35.20493	115.3486	2017	16.53371	9.568	7.592916	1.92809	29.61849	8.47248	77.82162	9.272278
10001		35.20432	115.3817	2017	16.59978	9.526733	7.568233	1.928028	29.53477	8.454253	77.68249	9.390839
11001		35.20369	115.4147	2017	16.86558	9.490178	7.588954	1.933504	29.46881	8.460663	77.8153	9.681366
12001		35.20306	115.4478	2017	16.77516	9.530678	7.764784	1.910664	29.35036	8.37245	77.67393	9.832336
13001		35.20242	115.4809	2017	16.23004	9.474612	7.568983	1.8801	29.26154	8.270571	76.71087	9.372726
14001		35.20177	115.5139	2017	16.10705	9.490064	7.539348	1.868134	29.31118	8.243997	76.63212	9.419212
15001		35.20111	115.547	2017	15.96738	9.463948	7.517127	1.867288	29.167	8.186604	76.23414	9.397171
16001		35.20044	115.58	2017	15.85618	9.49364	7.506077	1.844424	29.24357	8.17637	76.21954	9.420326
17001		35.19976	115.6131	2017	16.01155	9.517304	7.555897	1.84431	29.2954	8.206772	76.53287	9.598595
18001		35.19908	115.6461	2017	16.05694	9.416424	7.432973	1.823868	29.14431	8.145261	76.07755	9.486267
19001		35.19838	115.6792	2017	16.00077	9.387202	7.369656	1.804259	29.11286	8.12758	75.84525	9.413216
20001		35.19768	115.7122	2017	16.23404	9.356387	7.381373	1.797313	29.08577	8.140679	76.03058	9.586731
21001		35.19697	115.7453	2017	16.5467	9.292083	7.346869	1.799746	29.01988	8.141335	76.16314	9.782257
22001		35.19624	115.7783	2017	16.97222	9.24688	7.402303	1.804734	28.96303	8.15978	76.57488	10.04499
23001		35.19551	115.8114	2017	17.48466	9.207885	7.496601	1.819678	28.9318	8.182076	77.17286	10.3774
24001		35.19477	115.8444	2017	18.25329	9.14716	7.562788	1.861677	28.94803	8.254955	78.11432	10.85429
25001		35.19402	115.8775	2017	18.62964	9.13543	7.610565	1.882154	28.99324	8.299937	78.67695	11.06435
26001		35.19327	115.9105	2017	18.24137	9.129806	7.526693	1.883437	28.93434	8.29729	78.13642	10.70383
27001		35.1925	115.9436	2017	18.74566	9.095277	7.589834	1.941766	28.89387	8.403033	78.83405	10.93264
28001		35.19172	115.9766	2017	18.97679	9.086271	7.629398	1.967942	28.86912	8.461512	79.16174	11.13889
29001		35.19094	116.0097	2017	18.80447	9.077714	7.59313	1.974378	28.79521	8.471848	78.87212	10.98032
30001		35.19014	116.0427	2017	19.36637	9.057377	7.695038	2.026239	28.80697	8.588456	79.73395	11.16175
31001		35.18934	116.0758	2017	19.88427	9.048137	7.783953	2.052234	28.84582	8.647291	80.48524	11.56673
32001		35.18853	116.1088	2017	20.85797	9.031898	7.972513	2.114645	28.92327	8.748028	81.8974	12.29639
33001		35.18771	116.1418	2017	22.61164	9.050929	8.325768	2.222928	29.22788	8.979842	84.79903	13.10005
34001		35.18688	116.1749	2017	24.74807	9.005343	8.692006	2.310352	29.42783	9.148967	87.83799	14.88778
35001		35.18604	116.2079	2017	28.73116	8.919644	9.389527	2.461343	29.75348	9.427422	93.35242	18.06014
36001		35.18519	116.241	2017	30.21902	8.974387	9.704086	2.57376	30.01435	9.658687	95.88489	18.89288
37001		35.18434	116.274	2017	31.8267	9.005975	10.11193	2.642906	30.17667	9.775382	98.3302	20.03741
38001		35.18347	116.307	2017	27.61953	9.104652	9.436737	2.554633	29.8648	9.599736	92.80548	16.65054
39001		35.1826	116.3401	2017	27.05234	9.14589	9.299594	2.601103	29.86705	9.672349	92.19769	15.665

图 13-14 基准-第一季度 CMAQ 输出文件

Quarter_ID	_TYPE	LAT	LONG	Quarter	Crustal	NH4	SO4	EC	NO3	OC	PM25	CM
1001		35.20953	115.0842	2017	17.23976	9.620172	7.828459	2.030877	29.76761	8.695949	79.30741	9.414215
2001		35.20898	115.1172	2017	16.97653	9.646945	7.779255	2.024824	29.85847	8.68715	79.2215	9.139824
3001		35.20843	115.1503	2017	16.8089	9.597657	7.710597	1.967841	29.71278	8.602593	78.58144	9.064636
4001		35.20787	115.1833	2017	16.63669	9.607038	7.655711	1.954833	29.75199	8.581412	78.38746	9.021851
5001		35.2073	115.2164	2017	16.53943	9.606801	7.618063	1.94305	29.76559	8.558146	78.23031	8.999641
6001		35.20672	115.2495	2017	16.50099	9.593585	7.584372	1.933797	29.71828	8.527377	78.0304	9.021927
7001		35.20613	115.2825	2017	16.53359	9.608338	7.585133	1.938017	29.77434	8.540391	78.15371	9.148331
8001		35.20554	115.3156	2017	16.5498	9.599133	7.573589	1.938818	29.77251	8.531758	78.1323	9.216187
9001		35.20493	115.3486	2017	16.53371	9.568	7.592916	1.92809	29.61849	8.47248	77.82162	9.272278
10001		35.20432	115.3817	2017	16.59978	9.526733	7.568233	1.928028	29.53477	8.454253	77.68249	9.390839
11001		35.20369	115.4147	2017	16.86558	9.490178	7.588954	1.933504	29.46881	8.460663	77.8153	9.681366
12001		35.20306	115.4478	2017	16.77516	9.530678	7.764784	1.910664	29.35036	8.37245	77.67393	9.832336
13001		35.20242	115.4809	2017	16.23004	9.474612	7.568983	1.8801	29.26154	8.270571	76.71087	9.372726
14001		35.20177	115.5139	2017	16.10705	9.490064	7.539348	1.868134	29.31118	8.243997	76.63212	9.419212
15001		35.20111	115.547	2017	15.96738	9.463948	7.517127	1.867288	29.167	8.186604	76.23414	9.397171
16001		35.20044	115.58	2017	15.85618	9.49364	7.506077	1.844424	29.24357	8.17637	76.21954	9.420326
17001		35.19976	115.6131	2017	16.01155	9.517304	7.555897	1.84431	29.2954	8.206772	76.53287	9.598595
18001		35.19908	115.6461	2017	16.05694	9.416424	7.432973	1.823868	29.14431	8.145261	76.07755	9.486267
19001		35.19838	115.6792	2017	16.00077	9.387202	7.369656	1.804259	29.11286	8.12758	75.84525	9.413216
20001		35.19768	115.7122	2017	16.23404	9.356387	7.381373	1.797313	29.08577	8.140679	76.03058	9.586731
21001		35.19697	115.7453	2017	16.5467	9.292083	7.346869	1.799746	29.01988	8.141335	76.16314	9.782257
22001		35.19624	115.7783	2017	16.97222	9.24688	7.402303	1.804734	28.96303	8.15978	76.57488	10.04499
23001		35.19551	115.8114	2017	17.48466	9.207885	7.496601	1.819678	28.9318	8.182076	77.17286	10.3774
24001		35.19477	115.8444	2017	18.25329	9.14716	7.562788	1.861677	28.94803	8.254955	78.11432	10.85429
25001		35.19402	115.8775	2017	18.62964	9.13543	7.610565	1.882154	28.99324	8.299937	78.67695	11.06435
26001		35.19327	115.9105	2017	18.24137	9.129806	7.526693	1.883437	28.93434	8.29729	78.13642	10.70383
27001		35.1925	115.9436	2017	18.74566	9.095277	7.589834	1.941766	28.89387	8.403033	78.83405	10.93264
28001		35.19172	115.9766	2017	18.97679	9.086271	7.629398	1.967942	28.86912	8.461512	79.16174	11.13889
29001		35.19094	116.0097	2017	18.80447	9.077714	7.59313	1.974378	28.79521	8.471848	78.87212	10.98032
30001		35.19014	116.0427	2017	19.36637	9.057377	7.695038	2.026239	28.80697	8.588456	79.73395	11.16175
31001		35.18934	116.0758	2017	19.88427	9.048137	7.783953	2.052234	28.84582	8.647291	80.48524	11.56673
32001		35.18853	116.1088	2017	20.85797	9.031898	7.972513	2.114645	28.92327	8.748028	81.8974	12.29639
33001		35.18771	116.1418	2017	22.61164	9.050929	8.325768	2.222928	29.22788	8.979842	84.79903	13.10005
34001		35.18688	116.1749	2017	24.74807	9.005343	8.692006	2.310352	29.42783	9.148967	87.83799	14.88778
35001		35.18604	116.2079	2017	28.73116	8.919644	9.389527	2.461343	29.75348	9.427422	93.35242	18.06014
36001		35.18519	116.241	2017	30.21902	8.974387	9.704086	2.57376	30.01435	9.658687	95.88489	18.89288
37001		35.18434	116.274	2017	31.8267	9.005975	10.11193	2.642906	30.17667	9.775382	98.3302	20.03741
38001		35.18347	116.307	2017	27.61953	9.104652	9.436737	2.554633	29.8648	9.599736	92.80548	16.65054
39001		35.1826	116.3401	2017	27.05234	9.14589	9.299594	2.601103	29.86705	9.672349	92.19769	15.665

图 13-15 控制-第一季度 CMAQ 输出文件

此处我们选择导入预先运行的 RSM rcfg 文件作为输入文件，点击“下一步”按钮到下一步，随后“空气质量模拟输入选项”前的节点由灰色变为黄色。

13.3　达标评估输入选项

达标评估输入选项的设置如图 13-16 所示，点击“下一步”，随后“达标评估输入选项”前的节点由灰色变为黄色。

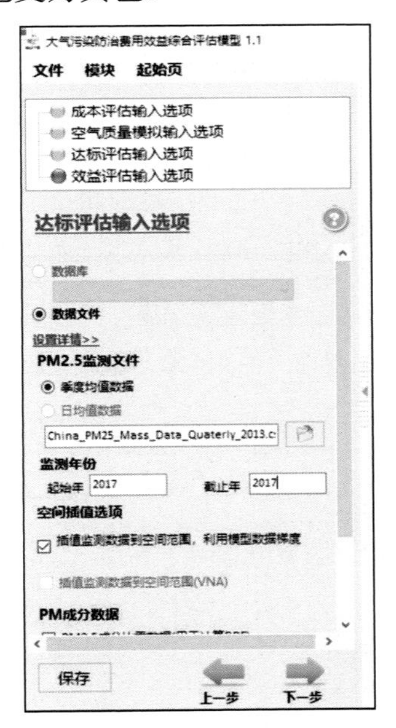

图 13-16　SMAT-CE

13.4　效益评估系统输入选项

功能类别	功能描述
区域网格文件	需选择“JJJ26+2_Citys.shp”文件
CFG 配置文件	需选择“China_JJJ26+2_PM_2017.cfgx”文件
APV 配置文件	需选择“China_JJJ26+2_PM_2017.apvx”文件

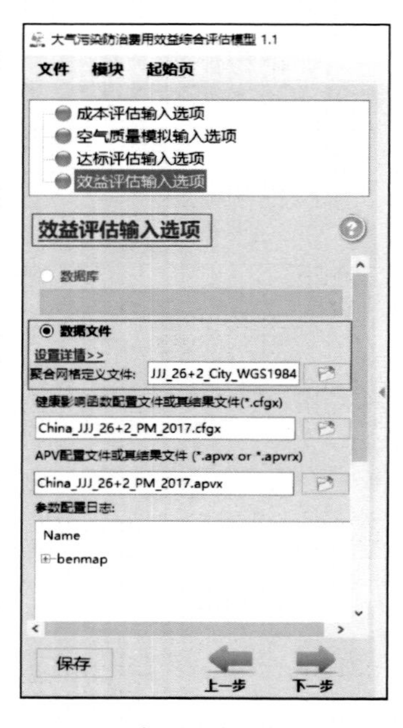

图 13-17 输入聚合网格定义文件

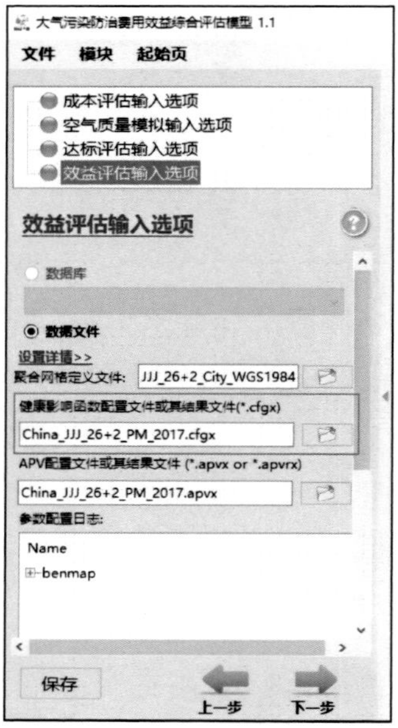

图 13-18 输入健康影响函数配置文件或其结果文件

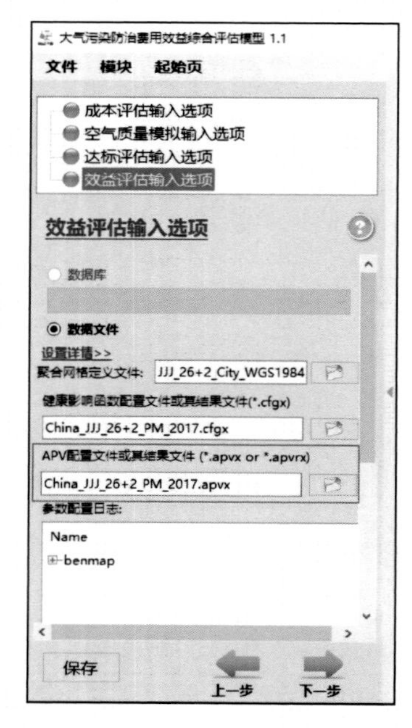

图 13-19 输入 APV 配置文件或其结果文件

图 13-20 点击下一步运行项目

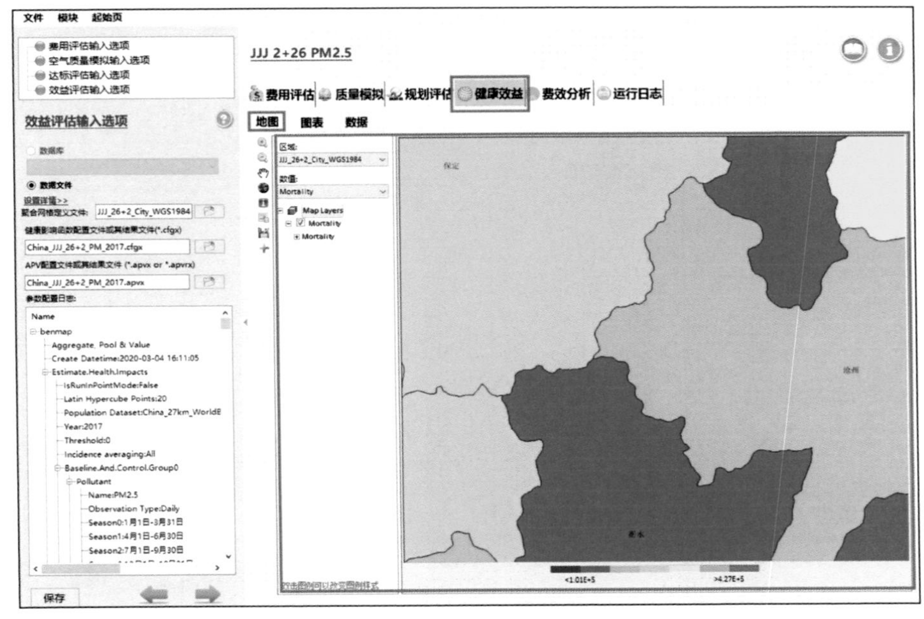

图 13-21　健康效益的结果

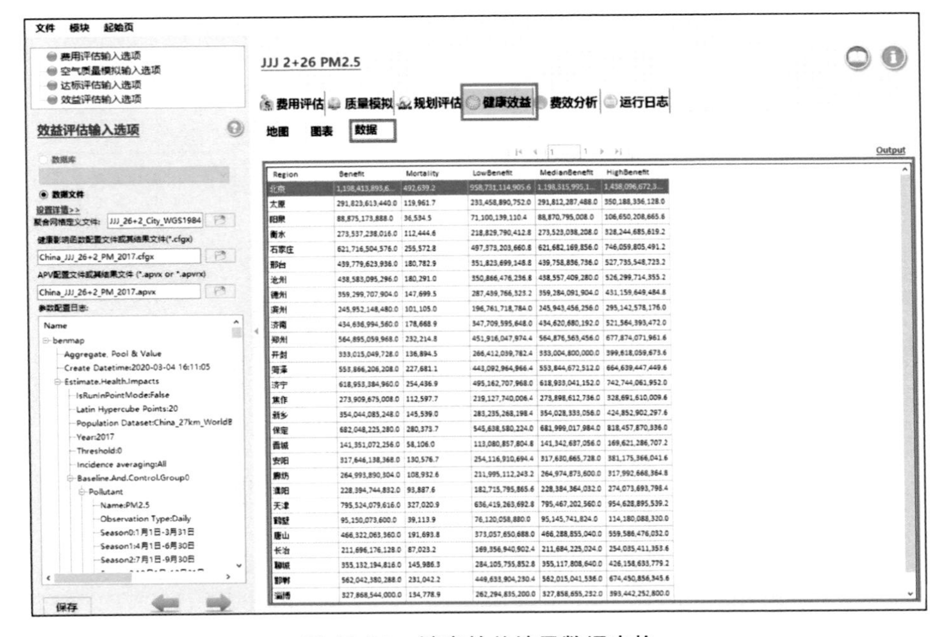

图 13-22　健康效益结果数据表格

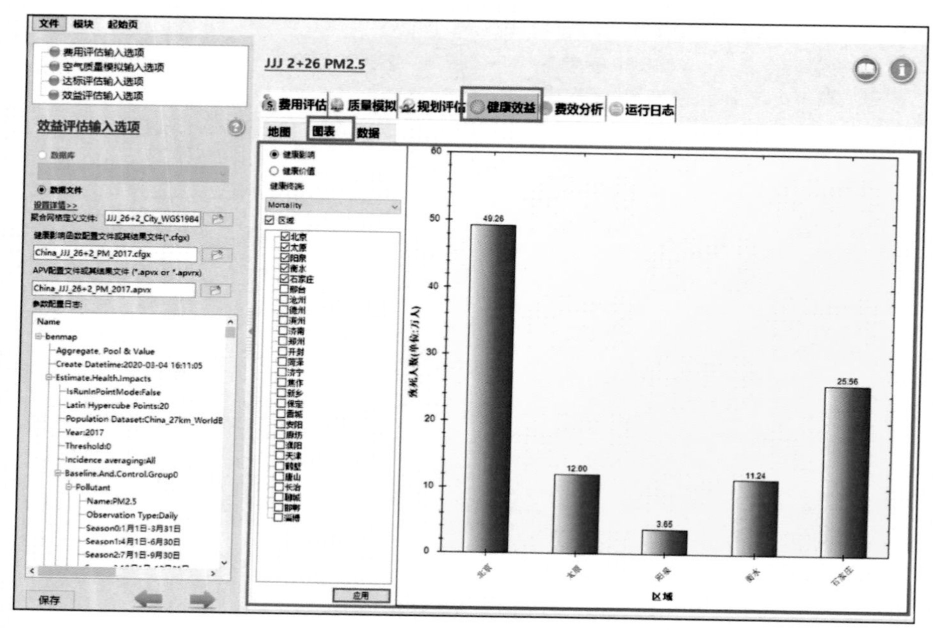

图 13-23 健康效益结果统计图

第 14 章 基于总量减排目标的京津冀地区费用效益评估案例研究

本章主要介绍基于总量减排目标的费用效益评估模型在京津冀的运用，以有利气象条件下的颗粒物分析项目为例，用户可以选择主界面 “文件”下的“打开项目”，打开示例文件；或者连续点击“下一步”运行内置的示例文件，在 Log/Msg 界面显示运行结束后，即可查看运行结果。

14.1 成本评估运行结果

切换至成本评估标签，以数据或表格的形式来查看/分析运行结果。

也可以直接打开输出结果文件来查看运行结果。

数据：运行结果数据将以 4 种类型展示，分别为系统输出、区域控制水平、区域控制成本和 RSM 控制情景（图 14-1～图 14-4）。

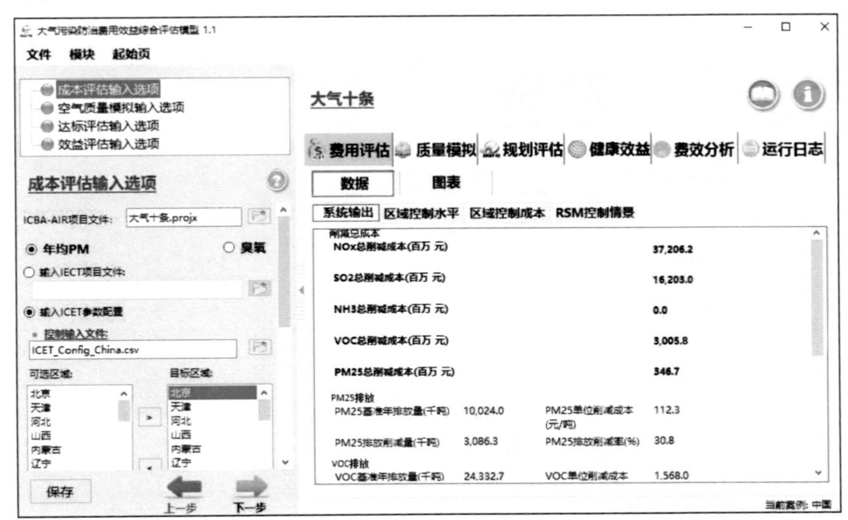

图 14-1 系统输出

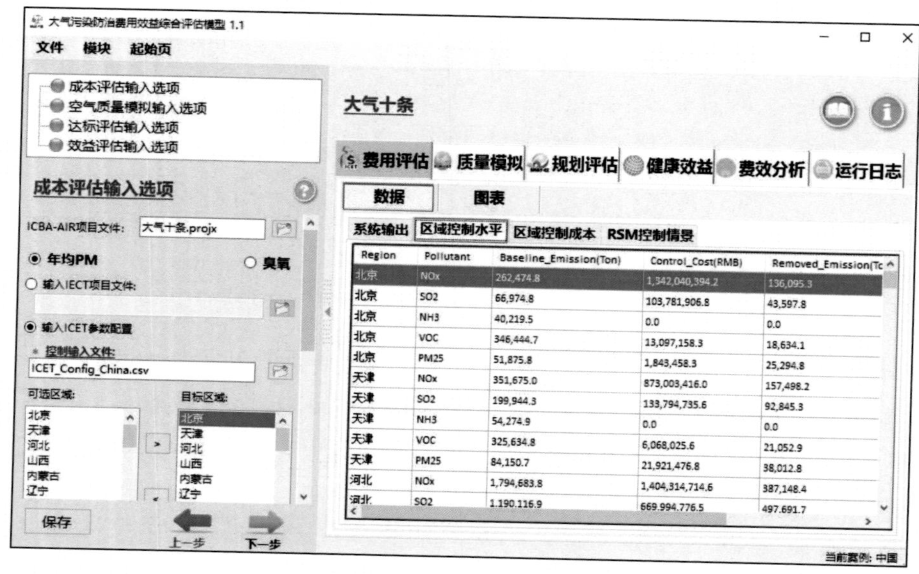

图 14-2　区域控制水平

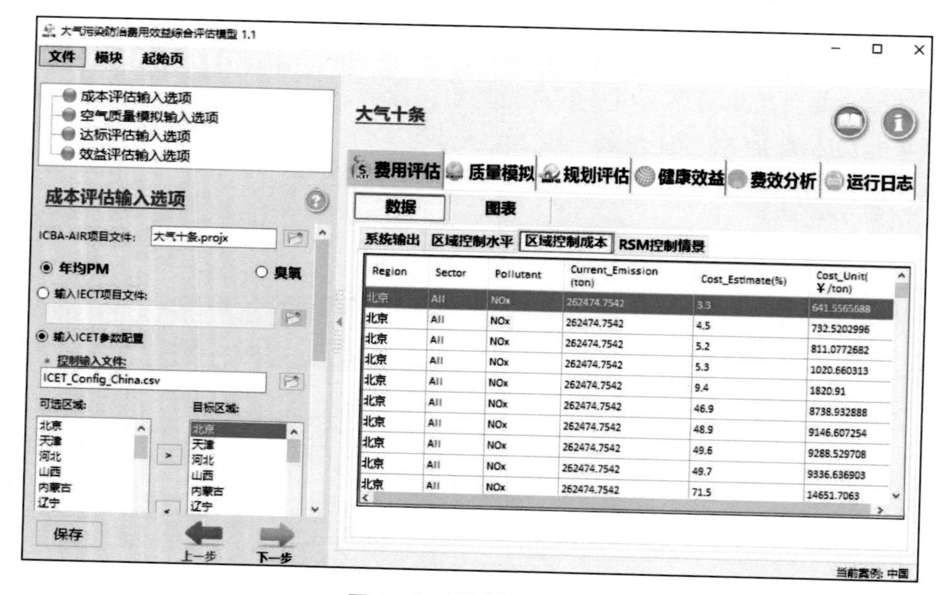

图 14-3　区域控制成本

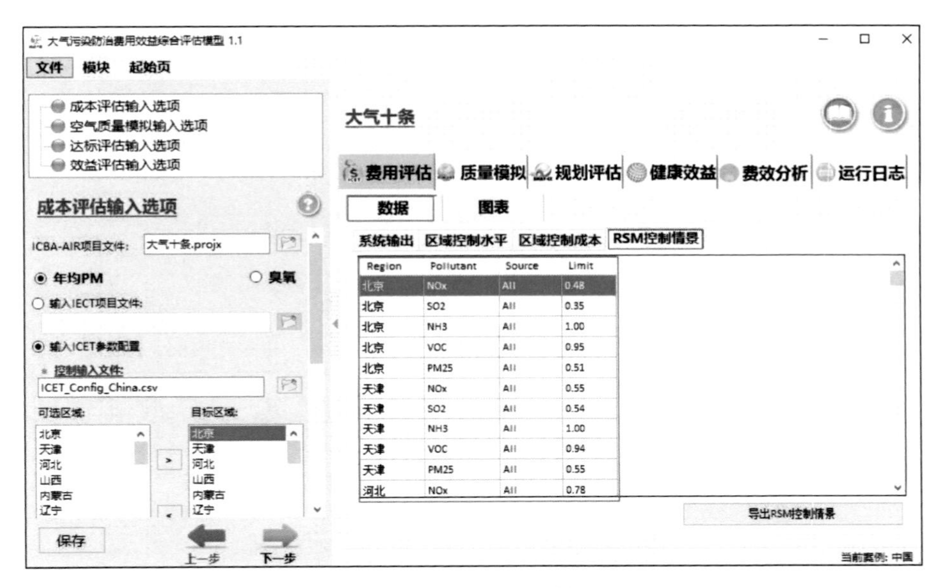

图 14-4　RSM 控制情景

图表：成本评估可生成两个图表，包括成本曲线图和排放量&控制成本图（图 14-5、图 14-6）。

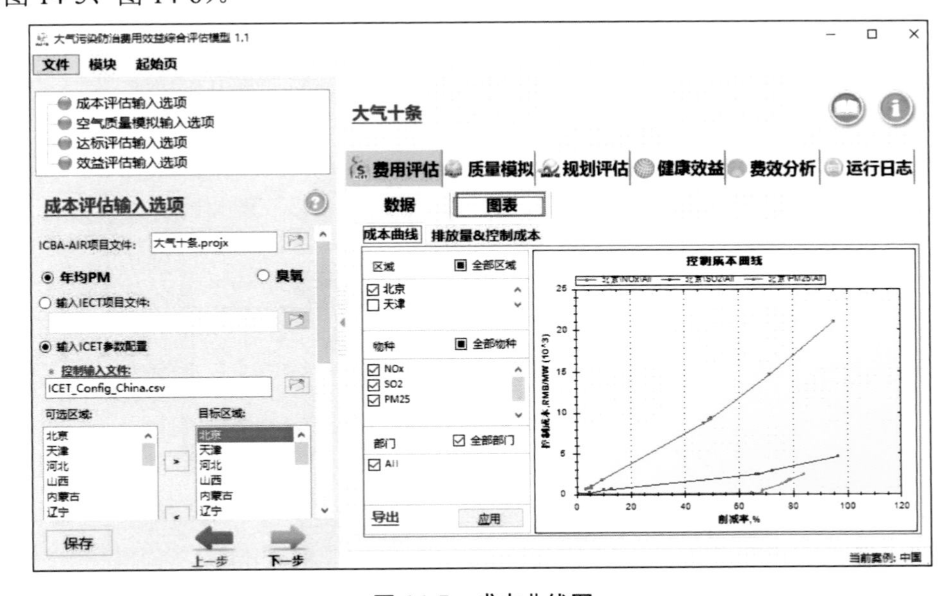

图 14-5　成本曲线图

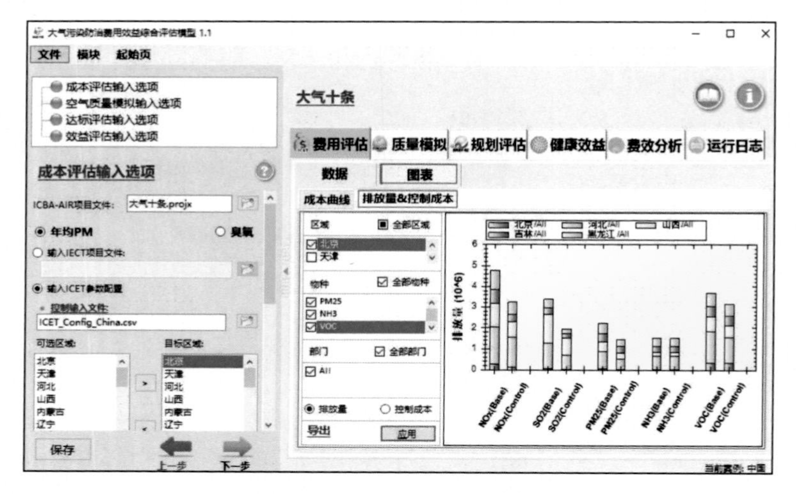

图 14-6　排放量&控制成本图

14.2　质量模拟运行结果

切换至质量模拟标签，以数据或表格的形式来查看/分析运行结果。

示意图：用户可以将生成的结果映射成两种类型的示意图：二维浓度图和三维浓度图（图 14-7、图 14-8）。此处我们以差值结果（选择差值选项）为例。

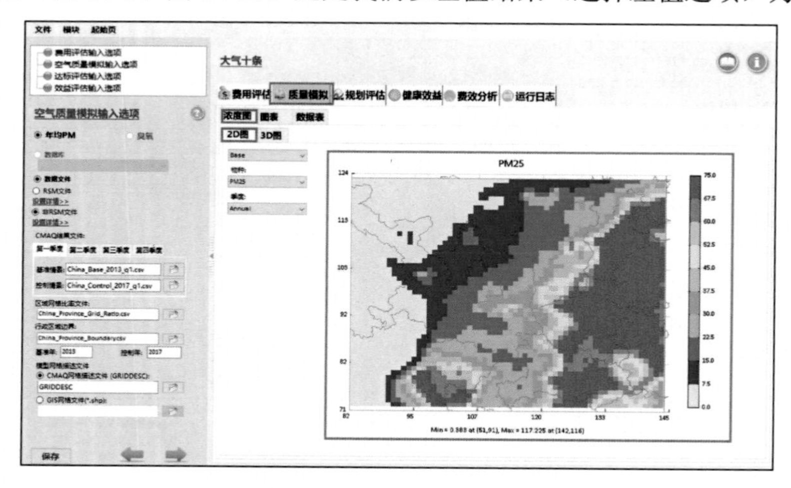

图 14-7　二维浓度图

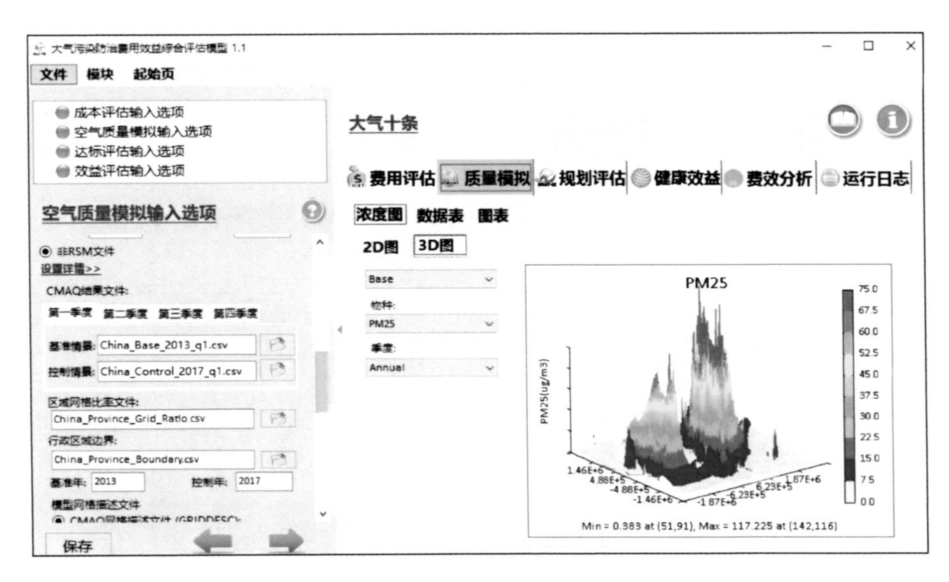

图 14-8　三维浓度图

数据：系统输出数据如图 14-9 所示，此处以差值数据为例。

图 14-9　系统输出数据

图表：在同一个地区中，控制各种类型污染源时，污染物削减率有所差别，可用图表的形式显示该差别（图 14-10）。

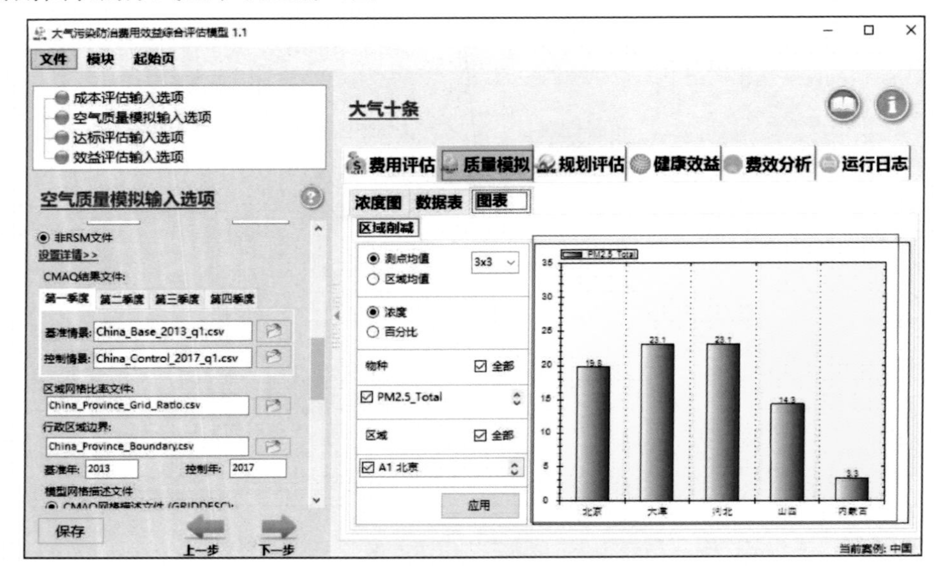

图 14-10　区域削减情况

14.3　达标评估运行结果

切换到达标评估标签后，用户可以示意图、表格或图表的方式查看/分析运行结果（图 14-11～图 14-13）。

14.4　健康效益运行结果

健康效益运行结果展示为 3 种类型：示意图、表格和图表。用户可切换到健康效益标签来查看/分析运行结果。

点击“地图”选项卡可查看结果，如图 14-14 所示。

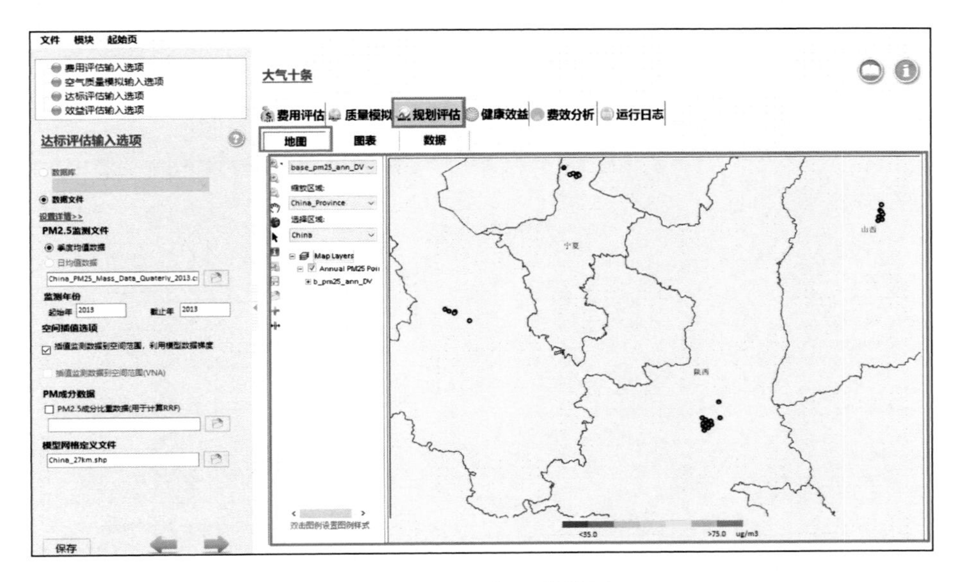

图 14-11　达标评估结果

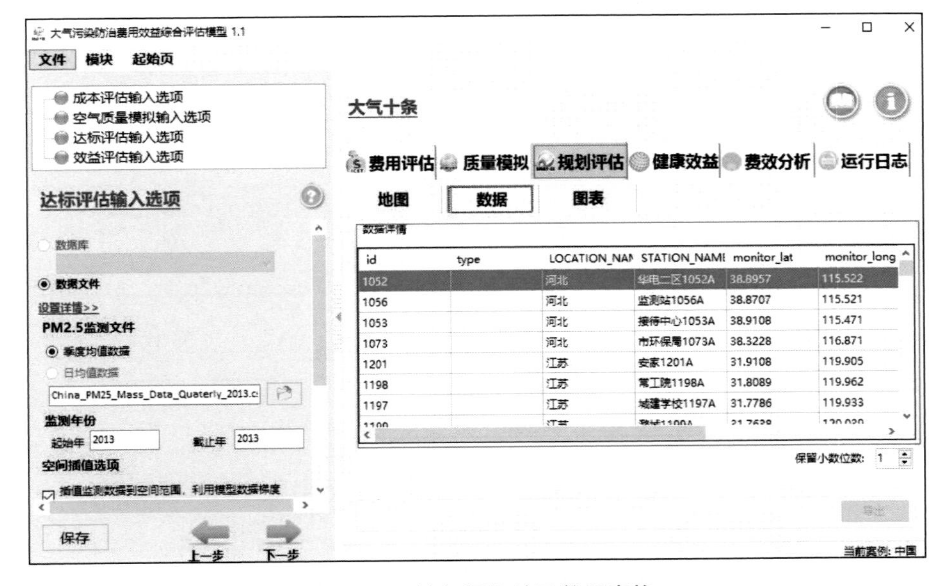

图 14-12　达标评估结果数据表格

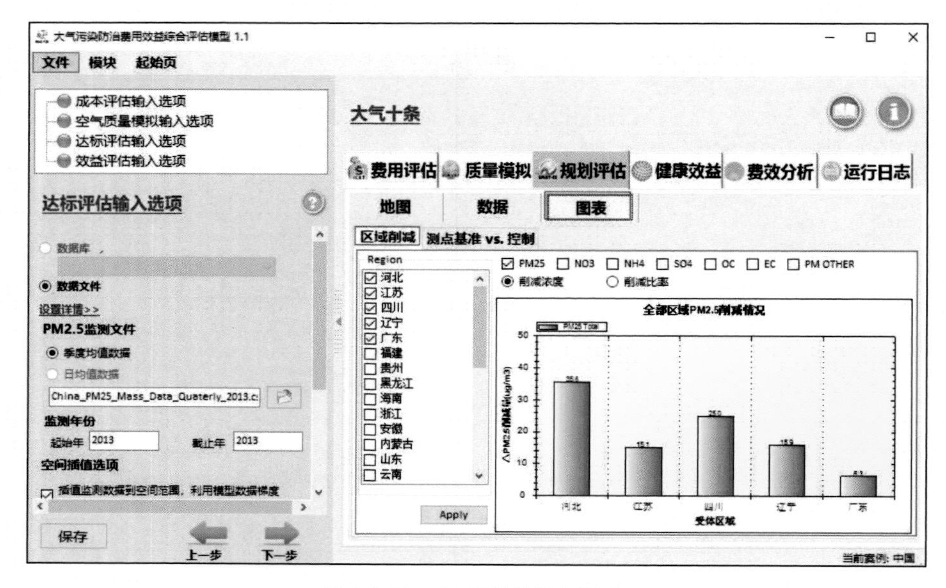

图 14-13　达标评估结果图表

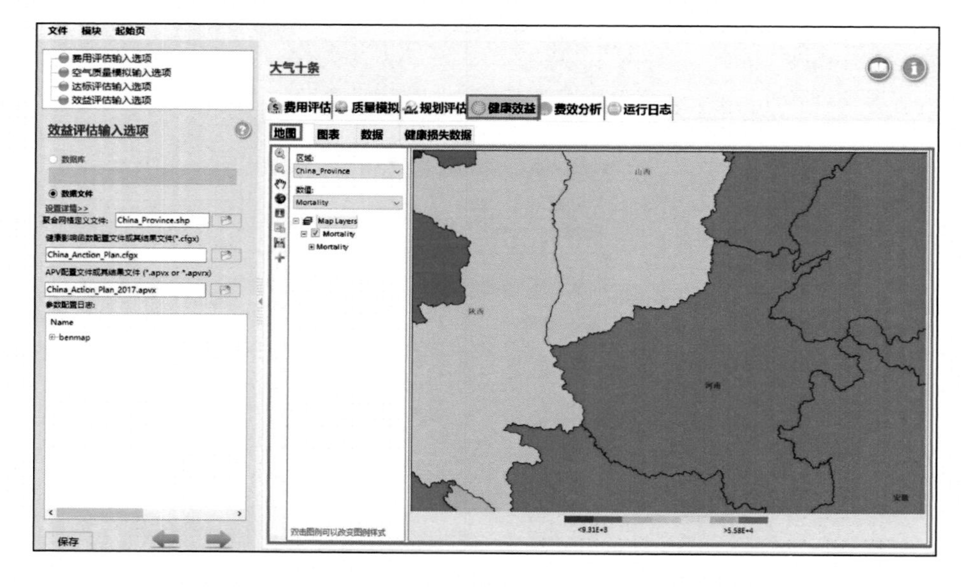

图 14-14　健康效益结果

如图 14-15 所示，点击“数据”选项卡可查看结果表格。

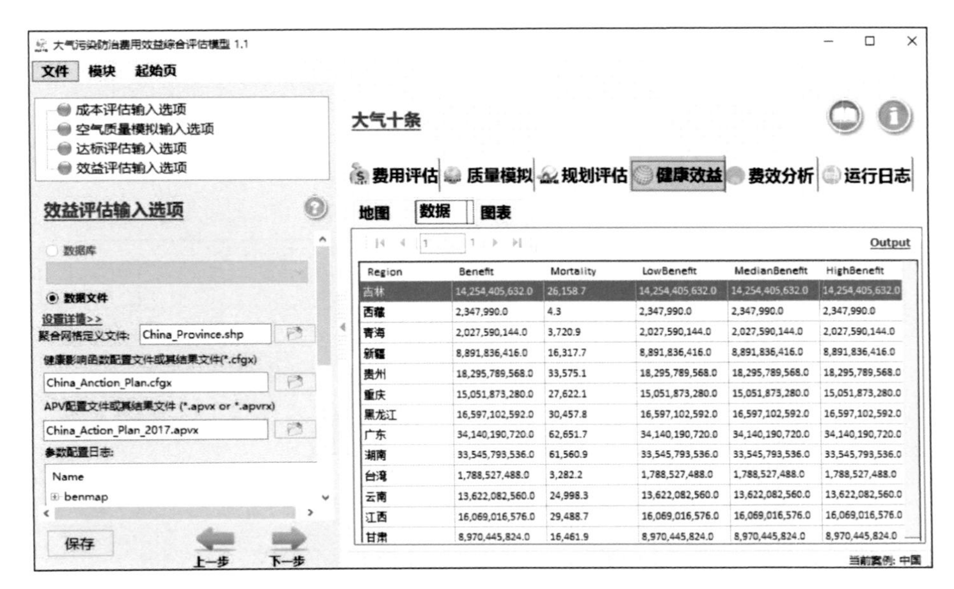

图 14-15　健康效益结果数据表格

如图 14-16 所示，点击“图表”可查看结果图表。

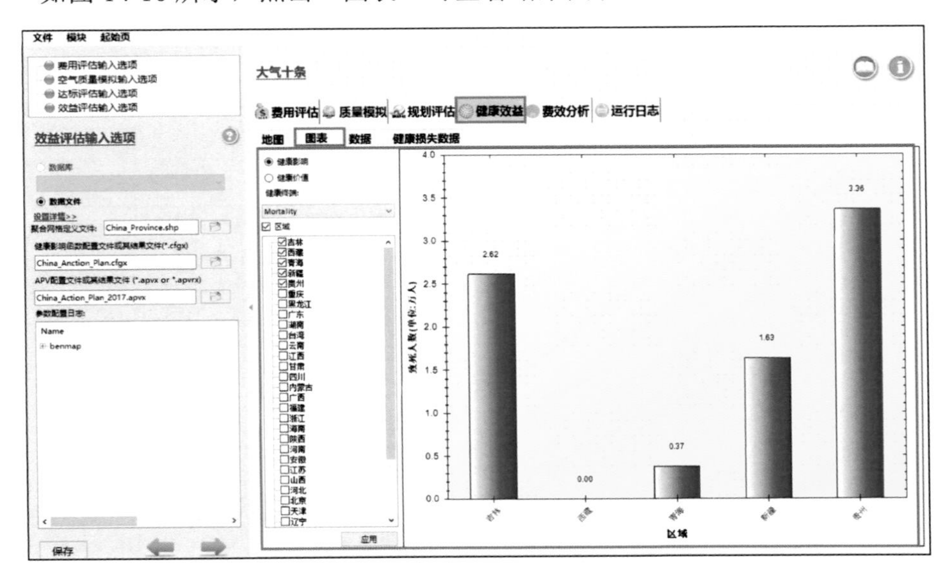

图 14-16　健康效益结果图表

14.5 评估结果展示分析

切换至“费用效益分析”选项卡可查看基于总量减排目标的费用效益评估模型评估结果，该结果将以 3 种类型显示（图 14-17～图 14-19）。

如图 14-17 所示，效益/成本比值为 12.2。

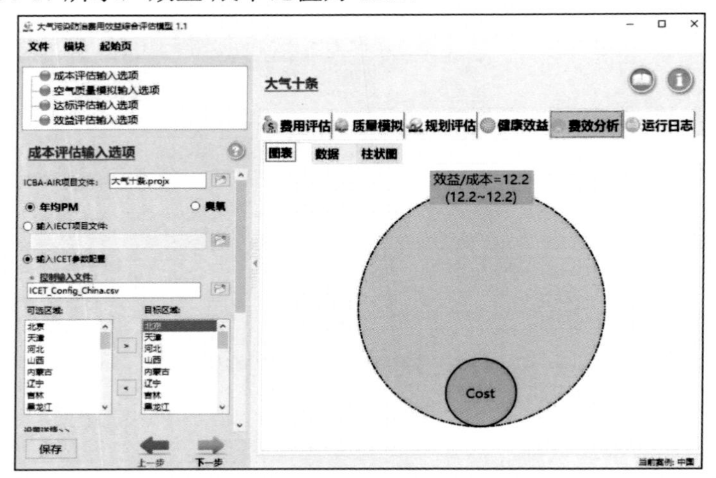

图 14-17　图表

Province	Cost	Benefit	Low Benefit	Median Benefit	High Benefit	Benefit/Cc
吉林	2,058,080,183	14,254,405,632	14,254,405,632	14,254,405,632	14,254,405,632	6.9 (6.9~6.
西藏	24,122,521	2,347,990	2,347,990	2,347,990	2,347,990	0.1 (0.1~0.
青海	87,902,991	2,027,590,144	2,027,590,144	2,027,590,144	2,027,590,144	23.1 (23.1~
新疆	1,974,888,171	8,891,836,416	8,891,836,416	8,891,836,416	8,891,836,416	4.5 (4.5~4.
贵州	844,741,462	18,295,789,568	18,295,789,568	18,295,789,568	18,295,789,568	21.7 (21.7~
重庆	1,667,955,120	15,051,873,280	15,051,873,280	15,051,873,280	15,051,873,280	9 (9~9)
黑龙江	2,154,901,049	16,597,102,592	16,597,102,592	16,597,102,592	16,597,102,592	7.7 (7.7~7.
广东	1,517,220,155	34,140,190,720	34,140,190,720	34,140,190,720	34,140,190,720	22.5 (22.5~
湖南	1,138,388,663	33,545,793,536	33,545,793,536	33,545,793,536	33,545,793,536	29.5 (29.5~
云南	1,174,082,830	13,622,082,560	13,622,082,560	13,622,082,560	13,622,082,560	11.6 (11.6~
江西	793,450,929	16,069,016,576	16,069,016,576	16,069,016,576	16,069,016,576	20.3 (20.3~
甘肃	1,032,761,165	8,970,445,824	8,970,445,824	8,970,445,824	8,970,445,824	8.7 (8.7~8.
四川	2,959,548,968	44,363,317,248	44,363,317,248	44,363,317,248	44,363,317,248	15 (15~15)
内蒙古	4,252,262,372	8,998,046,720	8,998,046,720	8,998,046,720	8,998,046,720	2.1 (2.1~2.
广西	1,340,823,831	20,678,375,424	20,678,375,424	20,678,375,424	20,678,375,424	15.4 (15.4~
福建	666,120,361	11,882,474,496	11,882,474,496	11,882,474,496	11,882,474,496	17.8 (17.8~
浙江	2,127,920,375	21,245,108,224	21,245,108,224	21,245,108,224	21,245,108,224	10 (10~10)
海南	353,566,254	2,098,408,064	2,098,408,064	2,098,408,064	2,098,408,064	5.9 (5.9~5.
陕西	1,849,569,224	18,193,033,216	18,193,033,216	18,193,033,216	18,193,033,216	9.8 (9.8~9.
河南	3,399,971,268	66,494,062,592	66,494,062,592	66,494,062,592	66,494,062,592	19.6 (19.6~

图 14-18　数据

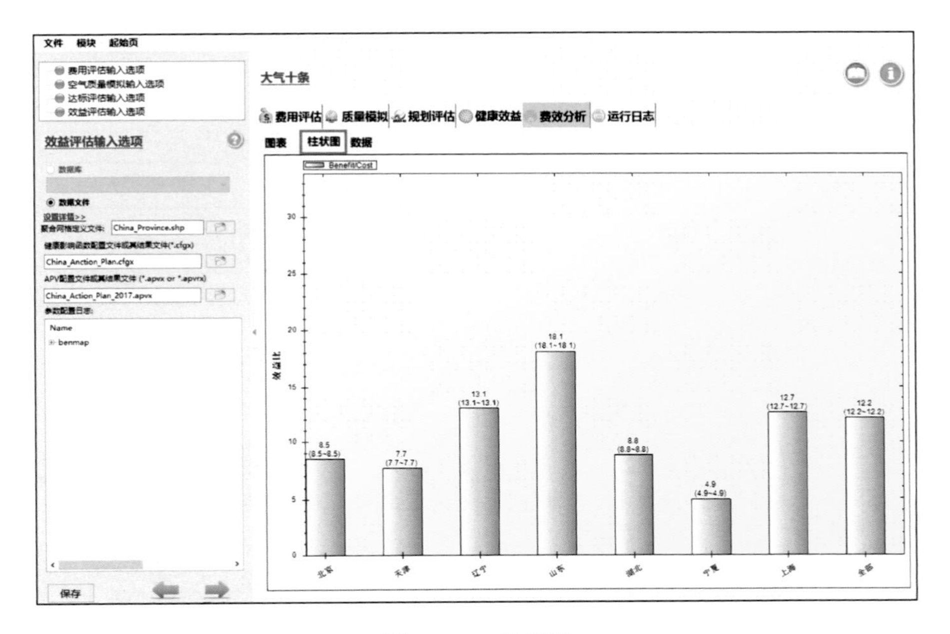
文件
模块
起始页
费用评估输入选项
空气质量模拟输入选项
达标评估输入选项
效益评估输入选项
效益评估输入选项
数据库
数据文件
设置详情>>
聚合网格定义文件:
China_Province.shp
健康影响函数配置文件或其结果文件(*.cfgx)
China_Anction_Plan.cfgx
APV配置文件或其结果文件 (*.apvx or *.apvrx)
China_Action_Plan_2017.apvx
参数配置日志:
Name
benmap
保存
大气十条
费用评估
质量模拟
规划评估
健康效益
费效分析
运行日志
图表
柱状图
数据
Benefit/Cost
效益比
8.5
(8.5~8.5)
7.7
(7.7~7.7)
13.1
(13.1~13.1)
18.1
(18.1~18.1)
8.8
(8.8~8.8)
4.9
(4.9~4.9)
12.7
(12.7~12.7)
12.2
(12.2~12.2)
北京
天津
辽宁
山东
湖北
宁夏
上海
全部

图 14-19　柱状图

参考文献

[1] Hibino G, Pandey R, Matsuoka Y, et al. A Guide to AIM/Enduse Model, in Climate Policy Assessment: Asia-Pacific Integrated Modeling[M]. Tokyo, Japan: Springer, 2003.

[2] Amann M, Kejun J, Jiming HAO, et al. GAINS Asia. Scenarios for cost-effective control of air pollution and greenhouse gases in China[R]. Laxenbur, Austria: International Institute for Applied Systems Analysis (IIASA), 2008. https://doi.org/10.1007/978-4-431-53985-8_15.

[3] Amann M, Bertok I, Borken-Kleefeld J, et al. Cost-effective emission reductions to improve air quality in Europe in 2020: analysis of policy options for the EU for the revision of the Gothenburg Protocol[R]. 2011.

[4] Cheewaphongphan P, Junpen A, Garivait S, et al. Emission inventory of on-road transport in Bangkok metropolitan region (BMR) development during 2007 to 2015 using the GAINS model[J]. Atmosphere, 2017, 8(9): 167.

[5] Jinying Huang, Yun Zhu, James T. Kelly, et al. Large-scale optimization of multi-pollutant control strategies in the Pearl River Delta region of China using a genetic algorithm in machine learning[J]. Science of the Total Environment, 2020, 722: 137701.

[6] Friedland S, Lim L H. Nuclear norm of higher-order tensors[J]. Mathematics of Computation, 2018, 87 (311): 1255-1281.